Hotel Banquet
Service Practice

호텔연회서비스 실무론

권봉헌 저

(주)백산출판사

머리말

본 교재는 호텔에서 연회서비스 관련 업무를 위한 전문 서적으로서, 호텔연회서비스 부문에서 이루어지고 있는 다양한 서비스를 수행하는 데 기본적 전문지식을 제공하고자 하는 것에 그 목표를 두고 집필하였다.

따라서 본 교재는 호텔연회서비스에 대한 기본적인 내용을 중심으로 호텔연회의 개념, 호텔 연회행사 진행, 연회서비스, 연회서비스 직무매뉴얼, 호텔 식음료 용어 등으로 구성하여 연회에 대해 공부하고자 하는 학생들이 연회서비스에 대한 이해도를 높이고자 하였다.

특히, 본교재의 9장에서는 연회관련 업무를 수행하는 데 필요한 직무매뉴얼 사례들을 영어와 국문으로 작성하여 학생들이 호텔연회현장에서 실무적인 내용을 이해하기 쉽도록 구성하였다.

본서는 총 9장으로 이루어져 있으며, 1장 호텔연회의 이해, 2장 호텔연회 예약관리, 3장 호텔연회서비스, 4장 연회의 주요고객, 5장 행사 및 의전, 6장 가족모임, 7장 호텔연회 기물의 이해, 8장 연회판촉 및 세일즈, 9장은 호텔연회 직무매뉴얼로 구성하여 본 교재를 완성하였다.

2021년 1월에 코로나가 빨리 종식되기를 바라면서

저자

차례

제5장 ● 행사 및 의전

제6장 ● 가족모임

제7장 ● 호텔연회 기물의 이해

제8장 ● 연회판촉 및 세일즈

제9장 ● 호텔연회 직무매뉴얼

제**1**장

호텔연회의 이해

제1장 | 호텔연회의 이해

1. 연회(Banquet, Function)의 정의

연회는 무(無)에서 유(有)를 창조하는 곳으로서 호텔의 연회장은 F&B부문 중 단일영업장으로는 가장 넓은 평수와 다양한 대·중·소 연회 룸을 가지고 있는 호텔의 중요한 수입원이다. 또한 연회는 다른 일반레스토랑과는 다르게 식탁과 의자가 준비되어 있는

것이 아니라 일정한 장소에서 고객의 요구, 행사의 내용, 성격, 인원, 방법에 따라 각양각색의 행사를 수행하는, 무에서 유를 창조하는 식음료부서 중의 하나이다. 이와 같은 특성이 있는 연회의 정의를 학자들의 주장에 따라 살펴보면 다음과 같다.

▲ 하얏트호텔의 테마 연회

1) 국어사전의 정의

(1) 한글학회 [우리말 큰 사전]의 정의

연회(宴會)를 잔치, 연찬, 피로연과 같은 의미로 설명하면서, "잔치"를 일컬어 "기쁜 일이 있을 때에 음식을 차리고 손님을 청하여 즐기는 일"이라고 설명하고 있다.

(2) 이희승 [국어대사전]의 정의

연회란 "축하, 위로, 석별 등의 뜻을 표시하기 위하여 여러 사람이 모여 주식(酒食)을 베풀고 가창무도(歌唱舞蹈) 등을 하는 일"이라고 정의내리고 있다.

2) 웹스터 사전(Webster Dictionary)의 정의

(1) Banquet-an elaborate and often ceremonious meal attened by numerous people and often honoring a person of making some incident(as an anniversary or reunion)

Banquet의 어원은 프랑스 고어인 "banchetto"이다. banchetto는 당시에 "판사의 자리" 혹은 "연회"를 의미했었는데 이 단어가 영어화 되면서 지금의 banquet이 되었다.

현대적인 개념에 대해 "많은 사람들, 혹은 어떤 한 사람에게 경의를 표시하거나 행사(연례적인 행사나 친목회)를 기념하기 위해 정성을 들이고 격식을 갖춘 식사가 제공되면서 행해지는 행사"라 하고 있다.

(2) a) an impressive and elaborate religious ceremony, b) an often formal public or social ceremony or gathering(as a dinner or reception)

즉 "a) 감명 깊고 정성들인 종교적 의식, b) 자주 열리는 공식적이고 공적인 또는 사회적인 회식, 만찬이나 리셉션(환영회)으로서의 모임"을 뜻한다.

3) 관광용어사전의 정의

(1) 안종윤 교수 [관광용어사전]의 정의

안종윤 교수의 관광용어사전에서는 연회(Banquet)와 연회장(Banquet Room, Hall)에 대하여 "방켓(Banquet)은 정식의 연회를 말하며, 연회장(Banquet Room, Hall)은 공개되어 있지 않은 개별실로 파티를 위해 고객들에게 제공되는 방을 말한다."고 설명하고 있다.

4) 한국관광공사의 정의

한국관광공사에서 발간한 관광용어사전에서는 연회장을 지칭하는 Banquet Room과 Function Room을 다음과 같이 정의하고 있다.

(1) 방켓 룸(Banquet Room) : Often part of a hotel, providing a paying group with a private area, the necessary service personnel and prearranged amounts and varieties of food and beverage service(연회장이란 별도의 공간에서, 필요한 서비스 인원과 예정된 양의 다양한 식음료 서비스를, 대금을 지불하는 그룹에게 제공하는 호텔서비스의 한 분야이다.)

(2) 펑션 룸(Function Room) : A room suitable for group use for meetings, exhibits, entertaining, etc, No sleeping facilities(연회장이란 취침시설은 없지만 모임, 전시, 오락 등으로 사용하는 그룹에 적합한 방이다). "Function"은 본래 기능, 구조 등의 의미를 갖는 용어이지만 행사, 잔치 모임, 축제, 축연 등 다양한 행사를 뜻하는 의미도 가지고 있다. 따라서 최근에는 연회행사가 다양화되어 가는 추세에 따라 연회를 지칭하는 용어로 "Function"을 사용하는 호텔이 증가하고 있다.

5) 관광호텔 연회 매뉴얼의 정의

연회란 호텔 또는 식음료를 판매하는 시설을 갖춘 구별된 장소에서 2인 이상의 단체 고객에게 식음료와 기타 부수적인 사항을 첨가하여 모임 본연의 목적을 달성할 수 있도록 하여 주고 그 응분의 대가를 수수하는 일련의 행위를 말한다. 이때 2인 이상의 단체고객이란 동일한 목적을 위하여 참석하는 일행을 지칭하며, 구별된 장소란 별도로 준비된(타인과 장소적으로 구별된 곳) 위치를 말하며, 부수적 사항이란 고객이 식사 이외의 목적을 달성시키기 위한 행위 및 시설을 말한다.(자료 : 롯데·신라호텔 식음료 및 연회매뉴얼)

2. 연회서비스의 일반적 개념

연회서비스란 연회장 및 기타 집회 장소에서 이루어지는 각종 연회를 운영함에 따르는 모든 서비스를 말한다. 본래 연회는 1970~1980년 전까지만 해도 가정에서 개최해 왔던 것이 근래에 와서 호텔이나 레스토랑 혹은 야외를 이용하여 연회를 개최하는 것이 일반화되고 있다.

연회서비스는 제공될 메뉴가 미리 정해지고 인원수와 음식량이 거의 확정되기 때문에 식음료부서 전체 매출에 대한 원가가 절감될 뿐 아니라 제공되어 질·인적 서비스의 표준화가 가능하여 높은 수준의 서비스 제공도 원활하게 할 수 있다.

또한 상품임대에 있어서도 음식이나 음료, 임대(Rental) 등 단일상품에 의한 판매도 있지만 이것들을 일괄해서 판매하는 경우가 대부분이므로 수입성도 높은 특성을 지니고 있다.

이에 따라 현대의 모든 호텔에서는 대형 연회장을 구비하여 다양한 성격에 적합한 연회행사를 유치하고 있다. 특히 호텔의 기능이 점차 대중화되면서 지역의 집회장소 또는 가족단위의 모임, 국가적 행사, 국제적 행사를 치를 수 있는 장소로 인식되고 있다.

▲ 신라호텔의 웨딩홀

3. 연회부분의 영역

연회는 호텔 내 연회장 중심의 상품과 호텔외부의 출장연회 그리고 연회기획 및 연출을 담당하는 이벤트를 그 영역으로 하고 있다.

연회장 중심의 상품은 회의, 연회, 전시회, 가족모임 등이 있으며, 출장연회는 출장연회 및 간이식당 등이 있으며, 기타 사항으로는 각종 연회물이나 결혼 대행업 등의 기획과 연출 등과 이벤트가 상품화되어 연회 부분의 영역이 확대될 것으로 예상되고 있다.

4. 연회의 흐름

호텔의 연회는 예약에 의해서 접수되고 제안견적서에 의해 계약이 성립되며 행사지시서에 의해 준비 - 진행 - 마감되는 절차를 따르고 있다. 최근 인터넷의 발달과 활용으로 호텔의 인터넷 홈페이지 웹마스터(Web master)에게 행사를 문의하여 관련 부서에서 상담하는 경우가 늘고 있고, 일부 호텔에서는 호텔의 공식 홈페이지에서 연회 관련 정보를 1차적으로 파악할 수 있도록 설계되어 이용하고자 하는 홀의 정보뿐만 아니라 심지어는 견적서까지 뽑아 볼 수 있는 서비스를 제공하고 있다.

또한 정보기술의 발달은 호텔 내의 인트라넷 구축을 이루었고, 이제는 과거에 예약실에 다루었던 룸 컨트롤 차트(Room Control Chart) 대신에, 모든 예약의 절차는 전산시스템에 의존하고 있다. 전화로 일일이 룸 컨트롤 차트(Room Control Chart)를 넘기면서 판매가 가능한 룸들을 확인하며 상담하는 시대는 지나갔고, 대다수의 특급 호텔은 컴퓨터 모니터 하나로 시간과 공간을 벗어난 상담체계를 이루고 있다.

판촉 사원이 외부에서 인터넷에 접속하여 판매 가능한 룸을 조회할 수도 있어, 거래처를 방문한 곳에서 즉시 예약을 할 수도 있다.

또한 판촉지배인의 근무시간외에도 판매가 가능한 홀(룸)을 확인할 수 있는 시스템을 구축한 호텔도 있어 정보기술의 발달이 호텔산업 전반에 걸쳐 일어나고 있음을 알 수 있다. 조만간 모바일 기술로 인터넷에 접속하여 휴대폰으로 실시간 홀 사용여부와 예약이 가능한 시스템이 도입되어 상용화될 것으로 보인다.

예약접수
↓
Control chart 확인
↓
Control chart booking
↓
견적서 및 Menu 작성
↓
Event order 작성
↓
Event order의 검토 및 관계부서 배포(조리, 현장, Bar, 수납, 음향)
↓
외부업무발주(현수막, 현판, 밴드, 장치, 조명, 차량, 무대제작, 사회, 연회 등)
↓
사내업무협조발주(꽃, 조명, 음향, Ice Carving Sign board, 사진, 주차 등)
↓
연회예약과 준비사항(안내판, 메뉴, 명찰, 좌석배치도, 방명록 등)
↓
행사전일 작성 및 확인 사항(관계부서 확인 및 외부업무 발주 확인, Event order 재확인,
고객확인, 연회일람표, VIP리포트 작성 등)
↓
연회준비 및 행사준비
• 현장 : 현장준비
• 조리 : 음식준비
• 음향실 : 조명, 음향 관계 준비
• Bar : 음료준비
• 장식 : 꽃장식, 얼음장식, 무대장식
• 고객영접 : 연회서비스와 행사진행
↓
계산서 작성
• B.Q Cashier가 작성
• 행사주최 측 계산서 확인/서명/결제
• 음향실 : 조명, 음향 관계 준비
↓
고객관리
• Guest History Card 작성
• 감사편지 작성 및 설문지 발송
• 답방인사
• Event order 보존
• 매출확인
• 외부발주물의 계산서 정리

▲ 연회의 흐름

연회예약은 고객이 주최하고자 하는 일자와 행사의 내용과 성격에 따라 1차적으로는 홀과 룸의 크기·수량이 결정되며, 2차적으로는 행사의 내용과 성격에 따른 세부사항(메뉴가격·음료여부·홀 사용료 여부·기타 장비사용료 여부 등)이 결정된다.

대부분의 호텔이 위와 같은 절차를 거치고 있지만 호텔의 사정에 따라 외주 발주의 범위가 차이가 있고, 고객관리의 노하우에 차이가 있다. 예를 들면 과거에 호텔에서 보유하고 있던 동시통역 부스물과 프로젝트, 특수음향과 같은 것들은 새로운 기술의 발달로 편리성이 날로 발전하는 것만큼 전문 업체에 용역을 맡기는 경우가 늘고 있기 때문이다. 도한 고객관리의 테크닉에서도 CRM의 기술도입 또는 고객관리 프로그램에 의해 우량고객을 나누어 관리를 하고 맞춤형 서비스를 제공하기도 한다.

제2절 연회의 분류 및 조직

1. 연회의 분류

1) 판매상품별 분류

연회상품은 크게 식음료상품과 장소를 판매하는 연회장 임대상품으로 분류할 수 있다. 식음료상품과 임대상품의 판매만을 목적으로 한 연회도 있지만 두 가지 상품을 결합하여 판매하는 연회상품도 많다.

(1) 식음료상품 판매를 위한 연회

연회장에서는 수없이 다양한 행사가 개최되기 때문에 연회장의 식음료 메뉴 가격은 사전에 종류별로 결정해 두고 고객에게 통일되게 적용해야 한다. 주요한 식음료 상품은 아래와 같이 구분되며 이것은 다시 메뉴의 품질에 따라 다양한 가격의 상품으로 나누어진다.

▲ 포시즌스 이탈리아 레스토랑

- Breakfast Menu
- Luncheon & Dinner Menu
- Cocktail Reception Menu
- Buffet(Sitting & Standing) Menu
- Tea Party Menu

(2) 임대상품 판매를 위한 연회

연회에는 각종 단체가 이용할 수 있는 다양한 규모의 연회장이 구비되어야 한다. 일부 연회는 식사가 필요 없는 경우도 있는데, 이 경우 연회장 사용료만 지불하고 연회장을 이용할 수 있다. 각 연회장에 대한 임대료도 시간별, 요일별, 장소별로 미리 정해 두어야 한다. 연회장을 임대하여 진행되는 주요한 행사로는 다음과 같은 것이 있다.

- Meeting, Seminar, Symposium, Convention
- Exhibition
- Concert
- Fashion Show

▲ 임피리얼 팰리스 콘서트

▲ 롯데호텔 콘서트

2) 장소별 분류

연회는 어디에서 개최되는가에 따라 호텔 내 연회(In House Party)와 출장연회(Outside Catering Party)로 구분된다. 대부분의 연회는 호텔에 있는 연회장에서 이루어지지만 건물 기공식 및 준공식, 선박 진수식, 각종 전시장 개관기념식과 같이 호텔 외부에서 진행하는 연회도 대단히 많다. 일반적으로 출장연회는 호텔 외부의 행사장에서 호텔 안에서와 같은 형태의 서비스를 제공하는 연회이지만 단순히 호텔 외부의 행사장에서 도시락을 주문하는 경우도 출장연회에 포함시킨다.

- In House Party(Garden Party 포함)
- Outside Catering

▲ 야외 연회

3) 거래선별 분류

연회는 매우 다양한 주최자에 의해 개최된다. 연회는 한 번 개최하고 끝나기도 하지만 정기적으로 개최하는 연회도 많다. 또 여러 단체에서 비슷한 내용의 연회를 계속 개최하기도 한다. 이러한 연회 주최자들을 일정한 특성에 따라 분류한 것을 연회의 거래선(Source, Account)이라고 하는데 거래선별로 전담사원을 배치하면 효과적인 판촉활동을 할 수 있다. 실무적으로도 연회의 거래선별 분류는 판촉담당 사원의 업무분장뿐만 아니라 연회 종료 후 행사실적의 분석과 판매계획을 세우는 데 중요한 자료로 활용되고 있다. 연회 거래선을 몇 종류로 구분할 것인가는 그 호텔의 규모와 밀접한 관계가 있으며, 규모 이외에도 어떤 연회를 중점적으로 수주할 것인가 하는 전략적 고려도 중요한 요소가 된다.

(1) 소형 호텔의 거래선별 연회 분류

① **가족모임**(Family Party) : 결혼식, 약혼식, 생일파티, 돌잔치, 회갑연, 고희연, 금혼식 등
② **회사행사**(Business Functions) : 개업식, 창립기념식, 조인식, 신제품 발표회, 고객초청행사 등
③ **단체 및 협회행사**(Group and Community) : 각종 단체, 협회, 공공기관의 행사

▲ 반얀트리 돌잔치 1

(2) 대형 호텔의 거래선별 연회 분류

① **가족모임**(Family Party) : 결혼식, 약혼식, 생일파티, 돌잔치, 회갑연, 고희연, 금혼식 등
② **회사행사**(Business Functions) : 개업식, 창립기념식, 조인식, 신제품 발표회, 고객초청행사 등

③ **학교행사**(School Functions) : 입학기념 행사, 사은회, 동창회, 동문회 등

④ **정부행사**(Government Functions) : 정상회담 만찬(State Dinner), 국빈행사, 국가경축연 등

⑤ **협회**(Community Function) : 월례회, 정기총회, 연차대회, 이사회, 세미나, 국제대회 등

⑥ **단체**(Group Function) : 신년하례식, 송년회, 정기모임, 간담회, 이벤트, 기자회견 등

▲ 반얀트리 돌잔치 2

4) 규모별 분류

연회는 그 규모에 따라 대형연회, 중형연회, 소형연회로 구분된다. 규모를 나누는 기준은 고객수가 기본이 되며 행사매출액도 고려된다. 특급호텔 풀코스 디너의 경우 일반적으로 대형연회는 300명 이상, 중형연회는 100명에서 300명, 소형연회는 100명 이하로 구분하는데, 각 호텔의 사정에 따라 그 기준인원에 차이가 있다. 또 같은 연회장이라도 행사의 성격에 따라 수용인원수가 다르기 때문에 단순히 인원수로만 연회규모를 나누는 것도 무리가 있다. 따라서 실무적으로 각 호텔마다 대연회장, 중연회장, 소연회장을 구분하여 두고 중연회장에서 개최된 모든 연회는 중형연회로, 소연회장에서 개최된 모든 연회는 소형연회로 분류하고 있다.

- 대형연회 : 풀코스 식사 300명 이상(스탠딩 400명 이상)
- 중형연회 : 풀코스 식사 100~300명(스탠딩 150~400명)
- 소형연회 : 풀코스 식사 100명 이하(스탠딩 150명 이하)

▲ 하얏트 그랜드 플로어

▲ JW메리어트 그랜드볼룸

5) 요리별 분류

연회는 제공하는 요리에 따라 아래와 같이 다양하게 분류된다.
- **양식파티** : 프랑스식, 이탈리아식, 스페인식, 독일식 등
- **중식파티** : 북경식, 상해식, 광동식, 사천식 등
- **한식파티** : 궁중요리정식, 한정식, 불고기정식, 갈비정식 등
- **일식파티** : 회석요리, 조정식, 초밥정식 등
- **뷔페파티** : 종합뷔페, 샐러드뷔페, 조식뷔페 등
- **칵테일 리셉션**(Cocktail Reception) : 각종 칵테일과 와인, 음료, 카나페 등
- **티파티**(Tea Party) : 다과회, 각종 차와 과일 등

6) 서비스 방법별 분류

식음료를 서비스하는 방법은 크게 테이블서비스, 셀프서비스, 카운터서비스이다. 테이블서비스는 다시 프랑스식 서비스, 미국식 서비스, 러시아식 서비스, 영국식 서비스의 4가지 방법으로 분류된다. 연회서비스는 이 중 테이블서비스와 셀프서비스가 이용되며, 특히 아메리칸 서비스는 격식 있는 정찬연회에, 셀프서비스인 뷔페식 연회는 친목도모를 위해 사용되는 대표적 연회서비스 방법이다.

(1) 테이블서비스 연회

테이블서비스는 일정한 장소에 식탁과 의자를 갖추어 놓고 고객의 주문에 의해 웨이터가 음식을 제공하는 것으로 일반적으로 '식당'이라고 하면 이 테이블서비스식당을 말한다. 연회에서도 격식 있는 오찬(Luncheon)과 만찬(Dinner) 시에는 거의 테이블서비스가 기본이 된다. 일반적으로 정찬이라는 표현을 사용하는데 아름다운 분위기, 최고급 식자재를 사용한 고급요리 및 이에 어울리는 와인, 숙련된 웨이터의 격식 있는 서비스로 인해 연회에서 가장 많이 이용되는 방법이다.

① **프랑스식 서비스 연회**(French Service Banquet)

프랑스식 서비스는 시간의 여유가 많은 유럽의 귀족들이 훌륭한 음식을 즐기던 고급 서비스로 우아하고 화려하면서도 정중한 서비스이다. 또 고객의 주문사항을 비교적 많이 반영하여 서비스할 수 있어 고급 양식당에서 많이 제공하고 있는 서비스이다.

프랑스식 서비스는 보통 2-3명의 숙련된 웨이터가 한 조를 이루어 서비스하며, 불어로는 Chef de Rang System이라고 한다. 셰프 드 랭은 주로 요리를 담당하며, Commis de Rang(Senior Waiter)은 주방과 홀을 오가며 요리의 재료를 조달하거나 빈 기물들을 치우는 역할을 한다. 주방에서 일부분만 조리된 요리를 Commis de Suite가 은기(Silver Platter)에 담아 고객의 테이블 앞에 놓인 게리동(Gueridon) 위에 놓으면 숙련된 셰프 드 랭(Chef de Rang)은 이 실버플래터를 고객에게 보이며 분위기를 고조시킨다. 이후 셰프 드 랭은 요리에 따라 다양한 방법으로 서브하게 된다.

프랑스식 서비스의 특징은 주방에서 완성되지 않은 요리를 웨이터가 접시에 담아 완성하여 제공하는 것으로 이때 요리에 따라 다양한 방법이 사용된다. 즉 먹기 편하도록 생선의 뼈를 제거해 주거나, 덩어리 고기를 1인분씩 잘라주거나, 얇게 썰어 제공하거나, 플람베(Flambe) 카트에서 불꽃을 일으키며 요리를 완성해 제공하기도 한다. 이렇게 제공하고 남은 요리는 알코올 또는 가스램프로 식지 않게 하면서 필요한 고객에게 계속 제공한다. 프랑스식 서비스로 제공되는 대표적 요리는 Appetizer로 Smoked Salmon, Law Ham with Melon, Soup는 Gin Tomato Soup, Salad는 Caesar Salad, Fish는 Dover Sole, Steak로 Pepper Steak, Tartare Steak, Entrecote, Lack of Lamb, 그리고 Dessert로 Crepe Suzette, Cherry Jubilee 등이 있으며 커피는 Coffee Conquest가 유명하다. 현재 프랑스식 서비스는 많은 조리사들을 필요로 하기 때문에 높은 인건비로 인하여 우리나라의 양식당에서 부분적으로 이용되고 있다. 따라서 대규모 단체를 기본으로 하는 연회장에서는 거의 사용되지 않는다.

▲ 게리동 서비스

🌿 프랑스식 서비스의 특징

- 일품요리를 제공하는 전문식당에 적합한 서비스이다.
- 식탁과 식탁 사이에 게리동이 움직일 수 있는 충분한 공간이 필요하다.
- Chef가 즉석에서 고객에게 각종 식재료를 보여주고, 다양하고 화려한 방법으로 요리를 함으로써 테이블의 분위기를 크게 고조시켜 지루함을 덜어줄 수 있다.
- 호텔에서 제공되는 서비스 중에 가장 정중하고 예의바른 서비스이다.
- 고객은 기호에 따라 주문할 수 있으며, 남은 음식은 보관되어 추가로 서비스할 수 있다.
- 다른 서비스에 비해 시간이 많이 걸리는 단점이 있다.
- 숙련된 웨이터가 조를 이루어 서비스하므로 인건비의 지출이 높다.
- 연회장 서비스 방법으로는 적합하지 않다.

② **미국식 서비스 연회**(American Service Banquet)

일명 Plate 서비스라고 불리는 미국식 서비스는 조리사가 주방에서 접시에 담아 놓은 음식을 웨이터가 손님에게 서비스하는 방법이다. 미국식 서비스는 손으로 접시를 들고 직접 서비스하는 플레이트 서비스(Plate Service)와 접시를 쟁반(Tray)에 담아 보조테이블까지 운반한 후 손님에게 서비스하는 트레이 서비스(Tray Service)로 구분된다. 이 서비스는 많은 고객에게 신속하고 능률적인 서비스할 수 있으므로 연회장에서 가장 많이 사용되는 서비스 방법이다.

▲ 미국식 서비스

🌿 미국식 서비스(American Service)의 특징

- 주방에서 요리를 접시에 담아 놓으면 웨이터가 고객에게 제공한다.
- 고급 식당보다는 고객 회전이 빠른 식당에 적합하다.
- 격식에 제한 받지 않으며 신속한 서비스를 할 수 있다.
- 적은 인원으로 많은 고객에게 서브할 수 있다.
- 음식이 비교적 빨리 식는다.
- 고객의 미각을 돋우지 못한다.

③ 러시아식 서비스 연회(Russian Service Banquet)

이 방법은 Platter Service, Silver Service라고도 한다. 1810년경 러시아 황제의 대사에 의해 시작되었으며, 1850년대 중반에 러시아에서 프랑스로 전파되어 급속히 확산된 서비스 방법이다. 스테이크, 생선, 가금류 등을 통째로 요리하여 커다란 접시(Platter)나 은쟁반(Silver Tray)에 담아 아름답게 장식한 후 웨이터가 고객에게 보여주면서(Showing) 시계방향으로 테이블을 돌아가며 각 고객에게 요리를 나누어 제공하는 매우 고급스럽고 우아한 서비스이다. 이 방법은 연회의 분위기를 고조시키는 데 매우 유용하므로 현재도 연회장에서 많이 사용하고 있으며, 특히 중국요리를 제공할 때 많이 사용한다.

🌿 러시아식 서비스(Russian Service)의 특징

- 전형적인 연회서비스이다.
- 많은 웨이터가 장식된 요리를 들고 연회장에 동시에 입장하므로 극적인 분위기를 연출할 수 있다.
- 웨이터가 담당 테이블의 고객에게 혼자서 서비스하므로 프랑스식 서비스에 비해 인력이 절감되고 특별한 장비나 기물이 필요 없다.

- 요리는 고객의 왼쪽에서 오른손으로 제공된다.
- 프랑스식 서비스에 비해 시간이 절약된다.
- 음식이 비교적 따뜻하게 제공된다.
- 고객인원수에 맞추어 음식을 적절하게 배분하는 능력이 요구된다.
- 마지막 고객은 남아 있는 요리를 제공받게 되어 선택권이 없다.

④ **영국식 서비스 연회**(English Service Banquet)

영국식 서비스는 British Service, Host Service, Holiday Service라고도 하며 격식에 크게 구애받지 않거나 친밀감을 강조할 때 사용되는 방법이다. 호텔 연회장에서는 가족모임이나 친목파티에서 일부 사용되기도 하나 호텔보다는 가정파티에서 많이 사용되는 서비스 방법이다.

이 방법은 주방에서 만들어진 주요리(주로 스테이크)를 큰 접시(Platter)에 담아 주인(Host)의 테이블 앞에 놓으면 주인(Host)이나 보조원(또는 웨이터)이 음식을 덜어 각 손님들에게 제공하는 방법이다. 이때 빈 접시를 주인(Host)에게 전달하고 음식이 담긴 접시를 손님들에게 제공하는 것은 보조원(웨이터)이 담당한다. 아주 친밀한 사이일 경우에는 보조원 없이 주인(Host)이 각 손님의 접시에 스테이크만 올려주면 손님들이 식탁 가운데 놓인 야채와 소스 등을 덜어 먹기도 한다.

또 주인(Host)이나 보조원이 손님이 왼쪽에서 은쟁반(Silver Platter)에 담긴 음식을 내밀면 고객이 자기 접시에 덜어 먹는 방법도 있다.

이 방법은 매우 친밀한 느낌을 주는 장점이 있으니 연회의 주인(Host)이 음식서브를 담당하므로 손님들이 부담감을 가질 수도 있으며, 때로는 각 손님들이 테이블의 인원수를 고려하여 자기 음식을 덜어야 하므로 연회 경험이 많아야 하며, 시간이 많이 걸리기 때문에 고객수가 많은 연회장에서는 거의 사용하지 않는다. 현재는 레스토랑에서 디저트를 제공할 경우에만 제한적으로 사용되고 있다.

(2) 셀프서비스 연회

셀프서비스 연회는 주문한 식음료를 테이블에 진열해 놓고 고객이 자기 기호에 맞는 식음료를 선택하는 연회방법으로 카페테리아나 뷔페에서 널리 사용된다. 연회장에서는 뷔페와 칵테일 리셉션에 셀프서비스를 이용하는데, 고객들이 자유로운 분위기에서 서로 사교할 수 있는 기회가 많고 개인별 취향에 맞는 식음료를 선택할 수 있는 장점이 있어 많이 이용되고 있다. 뷔페형태는 착석뷔페와 입식뷔페의 두 종류가 있다. 착석뷔페는 진열된 음식을 덜어 좌석이 마련된 테이블에 앉아 식사하는 방법이다. 입식뷔페는 진열된 음식을 덜어 서서 음식을 먹는 뷔페로 앉아서 식사할 수 있는 테이블과 좌석이 없다. 입식뷔페는 테이블과 좌석이 없기 때문에 착석뷔페에 비해 더 많은 인원을 수용할 수 있다. 또 참가자들은 행사시간 동안 서로 많은 참가자들과 교제할 수 있기 때문에 참가자들의 친목이 중요시되는 대형연회에서 많이 사용하는 방법이다. 입식뷔페는 서서 음식을 먹는 관계로 한입에 음식을 먹을 수 있도록 작게 만들어지는 것이 특징이다. 상설 뷔페식당은 영업시간 동안 음식이 모자라지 않게 계속 보충하는 오픈뷔페임에 비해 연회장의 뷔페는 예약에 의해 주문된 양만 제공되는 클로즈드뷔페이다. 따라서 연회뷔페 시 모자라는 음식은 추가로 주문해야 하나, 음식을 만드는 데 시간이 걸리므로 모든 음식을 추가로 제공받을 수가 없다. 칵테일 리셉션은 식사 전 리셉션과 풀 리셉션으로 구분된다. Pre-Opening Reception은 풀코스메뉴와 같이 테이블서비스를 받는 연회에 미리 도착한 고객들의 지루함을 덜거나, 한번 착석하면 다른 참석자들과 대화나 사교가 어려운 경우 식사 전에 약 30분 정도 진행된다. 이때는 바(Bar)를 준비하여 간단한 칵테일, 와인, 음료를 제공하며 약간의 카나페와 스낵류는 입식뷔페와 그 형태가 매우 유사하다. 다만 입식 뷔페는 식사용 요리가 주로 제공되는 반면, Full Reception은 칵테일을 마시며 교제하는 연회이기 때문에 여러 가지 칵테일과 이 칵테일에 어울리는 각종 안주류 위주로 음식이 제공되는 점이 다르다.

▲ 셀프서비스

🌿셀프서비스의 특징

- 고객이 자기의 기호에 맞는 음식을 선택할 수 있다.
- 식사를 기다리는 시간이 없으므로 빠른 식사를 할 수 있다.
- 서비스 인력을 줄일 수 있어 인건비가 절약된다.
- 일반적으로 가격이 저렴하다.
- 일부 메뉴는 조리사가, 와인이나 칵테일 등은 웨이터가 직접 서비스하기도 한다.
- 테이블서비스에 비해 분위기가 자유롭기 때문에 친목이나 사교모임에 적합하다.

(3) 카운터서비스 연회

카운터서비스는 고객이 조리하는 과정을 직접 볼 수 있도록 주방 앞에 카운터를 만들어 놓고 카운터를 식사 테이블로 이용하는 서비스방법이다. 주로 일식당의 스시를 판매하는 스시카운터가 대표적인 형태라 할 수 있다. 식사를 빨리 제공할 수 있고 고객도 지루하지 않으며 팁의 부담도 없어 주로 버스 터미널이나 공항, 기차역 등 시간이 급한 고객들을 대상으로 간단한 음식을 제공하는 식당에서 사용되는 방법이다. 연회장에서는 순수한 의미의 카운터서비스는 없고 대형연회나 지역별, 나라별 음식축제 또는 다양한 요리발표회의 경우 여러 곳에 음식 코너를 만들어 부분적으로 카운터서비스를 하고 있다. 특히 대형의 뷔페나 칵테일 리셉션의 경우 단순히 테이블에 음식을 진열하는 것보다 여러 가지 요리코너를 마련하여 조리사가 직접 음식을 만들어 제공하면 아주 좋은 분위기를 연출할 수 있어 많이 활용된다. 다만 카운터식당이 카운터에 앉아 식사를 하는 반면 연회장에서는 카운터를 요리의 전시대로만 사용한다.

▲ 스시카운터의 모습

카운터 서비스의 특징

- 식사를 빠르게 제공할 수 있다.
- 고객이 조리과정을 볼 수 있으므로 기다리는 지루함을 덜 수 있다.
- 주로 간편한 메뉴를 제공하므로 불평이 적다.
- 조리사의 연출에 의해 분위기와 식욕을 돋울 수 있다.
- 오픈키친이다 보니 주방이 고객에게 오픈되어 위생 및 청결성이 요구된다.
- 고객이 조리사에게 바로 주문하고 음식을 전달받기 때문에 미스커뮤니케이션이 줄어든다.

7) 기간별 분류

연회는 주최자가 요구하는 연회기간에 따라 1회 연회, 1일 연회, 2일 이상의 장기연회로 구분할 수 있다. 일회성 연회는 행사의 시작과 종료가 1회로 마무리되는 연회로 개최 건수가 가장 많다. 1일 연회는 하루 종일 연회가 개최되거나, 아침과 오전, 점심과 오후, 오후와 저녁 등 행사가 이어져서 진행되는 연회이다. 1일 연회는 전시회를 열거나 세미나 후에 식사를 하는 경우 등 식사만으로는 연회의 목적달성이 충분하지 않을 경우 사용하는 방법이다. 1일 연회를 할 경우 서비스인원이 항상 대기하고 있어야 하기 때문에 판촉직원 또는 전담 서비스직원을 배치하여 서비스에 차질이 발생되지 않도록 하는 것이 중요하다. 1일 이상의 연회는 대형 전시회나 학회, 국제대회 등과 같이 2일 이상, 또는 1주일 이상 일정기간 동안 실시하는 연회이다. 이러한 연회는 매일 내용이 같은 경우도 있지만 대부분 시작부터 마칠 때까지 다양한 프로그램이 개최되는 것이 특징이다. 따라서 주최자가 임시 본부나 사무소를 연회장이나 호텔 안에 설치하여 행사 전반에 대해 총괄적인 운영과 진행을 하는 경우가 많다. 이러한 장기연회는 연회 주최자와 일행 및 참가자들에 의한 객실, 식음료 영업장, 사우나 등 부대영업장의 매출증진에 큰 도움을 주기 때문에 대형 호텔일수록 대형연회의 수주에 총력을 다하고 있다.

- **1회 연회** : 1회로 끝나는 연회. 빈도수가 가장 많은 연회임
- **1일 연회** : 1일간 개최되는 연회. 주로 식사와 행사가 결합된 연회임
- **장기연회** : 2일 이상의 연회. 호텔 내 숙박 등 타 부서 영업에 가장 큰 기여를 함

8) 식사시간별 분류

연회를 실시하는 시간에 따른 분류 방법으로 일반 레스토랑의 시간대별 구분과 같다. 다만 연회의 특성상 각 시간대별로 제공되는 메뉴가 일반 레스토랑과 다소 차이가 있다.

(1) 조찬 연회(Breakfast)

아침식사를 겸한 연회로 대규모 단체가 투숙한 경우 아침식사는 주로 연회장에서 제공된다. 미국식 조정식(American Breakfast)과 유럽식 조정식(Continental Breakfast) 및 조식뷔페(Breakfast Buffet)가 주로 제공된다. 일본 단체객일 경우에는 일본식 조정식, 한국 단체객일 경우에는 해장국정식, 갈비탕정식 등이 제공되기도 한다.

▲ 미식조식

▲ 대륙식 조식

(2) 브런치(Brunch)

늦게 일어나는 고객을 위해 아침과 점심시간 사이에 먹는 식사를 브런치(Brunch)라고 한다. 메뉴는 아침메뉴와 동일한 메뉴가 제공된다. 연회장에서는 브런치는 거의 없으며 다만 전시회나 세미나 등 오전에 진행되는 연회의 중간에 빵, 쿠키, 우유, 커피, 차, 주스 등 간단한 식음료가 제공되기도 한다.

(3) 오찬(Luncheon 또는 Lunch)

보통의 점심식사는 런치(Lunch)라고 하나 격식 있는 점심은 런천(Luncheon)이라는 용어를 사용한다. 오찬과 만찬에는 여러 나라의 다양한 메뉴가 제공된다. 다만 오찬은 만찬에 비해 식사시간이 짧고 음식의 양이 적게 제공되는 경우가 많다.

(4) 오후 다과회(Afternoon Tea Party)

애프터눈 티 파티도 아침의 커피 브레이크와 동일한 성격으로 주로 오후 3시경 행사 도중 휴식시간에 갖는 다과회 또는 간식을 말한다. 제공되는 메뉴는 오전의 커피 브레이크보다 과일과 샌드위치 등이 더해져 좀 더 다양하며 식사대용의 메뉴도 제공된다.

▲ 애프터눈 티

(5) 만찬(Dinner Banquet)

주최자의 입장에서 비중 있는 고객을 초청하는 행사는 대부분 저녁식사이다. 따라서 메뉴의 종류 및 품질, 종사원의 서비스 수준, 적정한 온도와 습도, 공조, 와인을 비롯한 음료, 테이블배치, 개별 메뉴판, 테이블 장식, 조명, 음향, 연주인 등 연회의 분위기 조성과 서비스품질이 매우 중요하다. 만찬은 그 호텔 연회장이 보유하고 있는 인적, 물적, 시스템적 서비스가 동원되어 진행되는 종합예술이므로 그 호텔의 서비스 품질수준을 평가하는 척도가 된다. 훌륭한 연회는 참석고객들에게 만족과 감동을 주어 이들에 의한 구전효과나 행사수주 등 긍정적 효과를 나타낸다. 이러한 만찬 중 최고의 격식 있는 만찬은 스테이트 디너이다. 스테이트 디너는 미국의 의전용어로 미국의 대통령이 백악관에서 외국의 왕과 왕비, 대통령, 수상 등 상대국가의 수반을 초청하여 미국 국무성 의전국의 의전절차에 따라 진행되는 공식 만찬행사이다. 현재 스테이트 디너는 각국의 대통령이나 수상 등 국가수반이 주최하는 공식 만찬의 의미로도 사용된다. 만찬과 별도로 밤 10시경 시작되는 밤참(야식)을 서퍼(Supper)라고 하는데 연회에서 서퍼연회는 찾아보기 어렵다. 다만 시간이 오래 걸리는 저녁축제나 야간 이벤트 도중에 서퍼를 제공하기도 한다.

2. 호텔 식음료부 및 연회조직의 구성

호텔의 식음료부서는 크게 식당부문과 음료부문 그리고 연회부문으로 구분되고 있다. 그중 연회부서는 일반적으로 연회예약실, 연회서비스, 연회판촉 그리고 생산부서인 연회주방을 두고 있는 것이 일반적이나 호텔의 규모나 특징에 따라 대동소이하다.

호텔 연회부의 조직은 연회시작의 규모 즉 연회장의 크기와 수 혹은 연회매출에 따라 큰 차이가 있다. 입지조건이 좋은 호텔은 고객이 호텔을 방문하는 경우가 많기 때문에 판촉지배인이 경쟁호텔에 비하여 적을 수 있고, 입지 및 기타 조건이 취약한 경우에는 판촉지배인의 영업력에 의존하는 경우가 많기 때문에 인원이 경쟁호텔에 비하여 다소 많을 수 있다. 하지만 이와 같은 것은 일반적인 환경일 뿐 호텔마다 연회부 책임자의 판단에 따라 다르게 조직구성원이 다르게 나타난다.

1) 연회부의 조직

일반적인 호텔 연회부의 조직은 연회행사와 관련하여 상담하고 예약하며 연회와 관련된 문서를 관리하는 행정적인 업무를 담당하는 연회예약실과, 연회행사를 수주하고 계약하는 연회판촉과, 계약된 연회행사를 준비하고 진행하는 연회서비스과로 나뉜다. 연회예약과 연회판촉과는 연회행사를 담당하는 형태는 같지만 일반적으로 연회예약과에서는 일반적인 가족모임과 결혼식을 주로 상담하고 예약하며, 연회판촉과에서는 주로 연회예약과에서 상담하지 않는 일반적인 행사를 상담하고 수주하는 일을 담당하고 있다. 이 때문에 연회예약과는 호텔 내 연회예약실에서 고객을 상담하고 수주하는 형태를 취하고 연회판촉과는 연회예약과보다는 좀 더 공격적인 영업형태를 갖추고 호텔 내를 벗어나 연회의 가망성 있는 고객을 찾아다니면서 영업하는 형태를 취하고 있다.

호텔연회부의 조직구조는 호텔의 영업환경에 따라 매년 바뀔 수 있다는 것이 특징이다. 어느 해에는 연회서비스팀이 식음료팀에 소속되기도 하고 어느 때에는 연회부에 소속되기도 한다. 또한 객실판매도 총괄적인 판매부에 소속되기도 하고 별도의 영업부서로 활동하기도 하며, 혹은 호텔의 마케팅부서에 소속되어 연회팀과 함께 판매영업을 하기도 한다. 최근의 동향이 적은 인력으로 최대의 효율을 올리고자 객실영업이 호텔의 마케팅부에 소속되어 연회판촉과 같이 이루어지고 있다는 것이 하나의 특징이다. 이와 같은 조직구조는 상당기간 지속될 것으로 보인다.

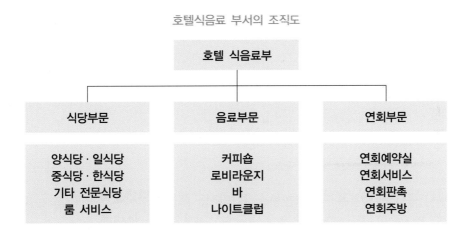

호텔식음료 부서의 조직도

2) 연회예약실

호텔에서의 모든 연회행사는 연회예약실을 통해 예약이 접수되며 관계부서의 발주로 연회가 이루어진다. 이와 같이 호텔연회부 내 예약실은 크게 고객에게 예약을 수주하는 리셉션(Reception)업무와 관계부서에 발주하는 발주업무를 담당하는 인체의 심장과 같은 중추적인 역할을 한다. 이러한 연회예약실은 연회부의 한 조직으로 주로 워킹고객이나 전화문의 고객의 행사를 상담·예약하고 행사장을 안내하는 일을 담당한다. 최근에는 결혼식매출 비중이 높아져 별도로 결혼식만 상담하는 상담실과 전담직원에 의해 운영되는 경우가 늘고 있다.

호텔내의 연회예약은 크게 예약실과 판촉부서(팀)에서 이루어지는데, 호텔의 영업방식에 따라 결혼식을 포함한 가족모임과 같은 행사와 워킹고객을 위한 행사는 예약실에서 맡고 판촉부(팀/실)는 행사고객의 분야에 따라 판촉지배인별로 거래선을 구분하여 행사예약을 맡고 있다. 호텔마다 다소 차이가 있지만 대체로 예약실의 경우는 예약실장(과장)을 중심으로 결혼식 담당자(1~3명), 가족모임 담당자(1~3명), 워킹고객 상담자(1~2명)로 이루어져 있고 각각의 근무스케줄에 따라 운영되고 있다. 대형 호텔의 경우 호텔의 자체 행사(디너쇼, 콘서트, 기타 파티)와 같은 이벤트를 담당하는 담당자 혹은 코디네이터를 예약실에 소속시켜 운영하기도 한다.

(1) 예약실의 주요담당(Reception Clerk)의 업무

　① 연회상담 및 예약접수
　② 전화상담과 예약접수
　③ 연회장 안내(룸쇼잉)
　④ Control Chart 관리(룸판매관리)
　⑤ 예약 취소, 변경 시 관계부서 통보
　⑥ 예약금 취급 및 관리
　⑦ 연회관련 정보 접수 시 판촉사원에게 정보 제공
　⑧ Function Sheet(Event Order) 작성
　⑨ Menu, 견적서, 도면 작성
　⑩ 판촉지배인 부재시 대리 상담
　⑪ 전 사원 캠페인 교육 및 실적 집계
　⑫ 조리부에 메뉴제출의뢰서 발송
　⑬ 가족모임 실적 집계

⑭ 고객관리카드 작성 유지

⑮ 호텔연회상품 홍보물(DM) 발송 등

(2) 관계부서 발주업무

① 연회일람표 작성 및 통보

② Menu, Name Card, 좌석배치도 제작

③ Function Sheet의 관계부서 배로

④ 외주업무의 발주(Flower, Photo, Banner, Placard, Musician Menu 등)

⑤ Sign-Board, Seating Arrangement 제작 및 설치 의뢰

⑥ 고객관리카드 작성 및 보관

⑦ 감사편지 발송

⑧ Function Sheet의 보관

⑨ 각종 연회 Sales Kit 보관

⑩ 행사에 필요한 각종 인쇄물의 고안 및 발주

⑪ Ice Carving Logo 의뢰 및 담당자에게 송달

⑫ 셔틀버스 의뢰

⑬ 기타

(3) 예약업무에 관련 각종 서식

① Control Chart(연회예약 현황표)

② Quotation(견적서)

③ Reservation or Reservation Sheet(연회예약전표)

④ Function Sheet or Event Order(연회행사 지시서)

⑤ Daily Event Order(금일 연회행사 통보서)

⑥ WeeklyEvent Order(주간행사 통보서)

⑦ Monthly Event Order(월간행사 통보서)

⑧ VIP Report(금일 VIP 방문 통보서)

⑨ Price Menu(가격메뉴표)

⑩ Price Information(가격안내표)

⑪ Floor Lay-out(각층 연회장 도면)

⑫ Function Room Lay-out(연회장 도면)

⑬ Program(각종모임 안내표와 식순표)

3) 연회판촉과(팀)

연회예약실이 호텔을 방문하는 내방고객과 전화방문 고객을 위한 중추적인 곳이라면 연회판촉팀은 연회예약실에서 관리하기 어려운 일반기업 고객이나 단체 법인의 고객을 상대로 공격적인 마케팅을 하는 곳이다. 주요 역할로는 일반거래처 고객상담과 일반행사 유치, 고객관리업무가 있다. 이렇게 연회판촉팀 내에서 영업을 담당하는 지배인을 판촉지배인이라고 부르며 모든 호텔은 전문정인 영업을 담당하는 지배인들을 두고 있다. 판촉지배인이 거래하는 거래고객은 제4장 연회의 주요고객에서 자세히 다루었다. 판촉지배인은 거래처 고객의 행사정보를 사전에 파악하여 판촉계획을 세우고 고객과 좋은 유대관계를 갖는 중요한 역할을 한다.

제3절 연회의 특성 및 파급효과

1. 연회의 특성

연회장 운영의 특징은 일반 식당 및 주장과는 달리 또 다른 독특한 특성을 포함하고 있다. 즉 연회장을 이용하는 고객들이 숙박과 기타 호텔서비스를 이용할 수도 있지만, 연회장 상품측면에서는 호텔의 식음료 영업장과 엄연히 구분되고 있다. 연회고객은 클럽, 단체 및 기타 조직으로 구성된 그룹이며 이렇게 구성된 그룹이 행사를 하고자 할 때 행사날짜에 앞서 몇 주 또는 며칠 전에 일자, 시간, 참석인원, 메뉴 그리고 각 행사에 요구되는 사항을 예약하게 되고 이러한 활동은 개별 연회장에서 진행된다. 또 레스토랑이나 바에서 서비스를 제공하는 종사원과는 조금 색다르게 종사원 전천후 서비스가 제공되고 있다.

이와 같은 연회의 특수성을 살펴보면 다음과 같다.

1) 호텔의 대중화와 호텔의 홍보효과

호텔에서 개최되는 연회는 불특정다수 고객을 표적시장으로 하고 있기 때문에 일부 한정된 사람들에 의해서만 이용이 가능한 다른 부문의 영업과는 달리 호텔의 대중화에 기여를 하게 된다. 또한 호텔에서 기획하여 개최되는 여러 종류의 문화행사는 호텔의 이미지를 개선하는 데 상당한 효과가 있다. 연회행사는 홍보 효과 면에서도 개최되는 호텔이나 레스토랑을 선전하는 좋은 기회가 되므로 참석자 전원에게 인상에 남는 서비스를 제공하여야 한다.

2) 매출액의 탄력성

호텔영업은 객실, 식음료, 부대시설의 3요소가 주종을 이루고 있지만 객실의 경우는 공간(객실수)이 한정되어 있고 고정자본의 투자비율이 식음료 부문보다 훨씬 높다. 반면에 식음료부문 중에서도 연회부문은 시장의 확장성이 매우 높으며 이들에 대한 적극적인 개발로 호텔이 추구하고자 매출증진의 효과를 가져 올 수 있는 분야이다. 공간면에서 한정을 받기도 하지만 객실부문보다는 융통성이 크고 그 규모에 대한 연회장 공간 조절에는 테이블 배치 등의 조절이 가능하며 호텔 내에서의 연회행사 외에 출장 연회행사를 유치하여 장소 제한 없이 무한정으로 매출증진을 가져올 수 있다.

3) 식음료 원가의 절감

확정된 메뉴를 대량으로 생산하여 판매하고, 창고에 저장되어 있는 재고 식자재를 처분할 수 있기 때문에 원가가 절감되는 효과가 있다. 실제로 서울권 주요 호텔의 식음료부문 식재료 원가분석 현황에 의하면 일반 레스토랑의 식재료 원가율보다 연회부문의 식재료 원가율이 약 5% 정도 낮게 나타나고 있다. 즉, 원가가 적게 든다는 것은 그만큼의 매출이익률을 높인다는 것이고 결국은 호텔 식음료의 생산성을 극대화 시키는 데 중요한 역할을 하는 것이 된다. 한편 확정된 메뉴를 대량으로 동시에 생산하고 서브하여 판매하기 때문에 노동생산성도 극대화하는 계기가 된다.

4) 호텔 외부판매

출장연회를 통하여 호텔 내의 연회장이 아닌 다른 공간을 이용하여 연회매출을 올릴 수 있는 특징이 있다. 즉, 호텔영업은 모든 부문이 시간과 공간의 제약을 받는 호텔내부 판매만이 가능하나 출장연회는 호텔 내의 연회장이라는 공간적 제약은 받지 않고 판매될 수 있는 특징이 있다. 출장연회에 대한 사항은 제4절에서 자세히 다루기로 한다. 다만 출장연회는 연회매출의 무한성을 가능하게 하는 중요한 요인이라는 점을 강조하며 출장연회만을 전문적으로 취급하는 외식산업체가 급증하고 있다는 것은 이 부분의 매력성을 입증하는 것이라고 볼 수 있을 것이다.

5) 비수기 타개책

호텔상품은 계절성 상품이라는 특성을 지니고 있다. 계절성 상품이란 성수기와 비수기가 형성되고 성수기와 비수기 간의 영업매출 격차가 큰 상품이라는 뜻이다. 따라서 모든 관광상품이 그렇듯이 호텔도 비수기 타개가 주요 과제로 되어 있다. 호텔의 연회장은 비수기에 특별 이벤트(Special Event)를 기획하고 패키지 상품을 개발하여 고객을 유인함으로써 호텔 비수기 타개에 상당한 기여를 하게 된다.

6) 동일한 서비스가 동시에 제공

연회부문의 영업은 각기 다른 요리, 음료를 서비스하는 레스토랑 부문의 영업과는 그 형태가 다르다. 연회장에서는 일시에 대량으로 똑같은 메뉴의 식음료가 서비스되므로 동일한 서비스 방식이 취해진다.

7) 타 영업부서의 큰 파급효과

연회행사의 유치는 연회매출 증진에만 기여하는 것이 아니다. 행사에 참석하는 고객들이 객실에 투숙하기도 하고, 호텔의 식음료 영업장을 이용하기도 하며, 각종 부대시설(사우나, 레저시설)을 이용하기도 하며 또한 호텔 내의 쇼핑센터에서 필요한 물건을 구매하기도 한다. 이처럼 연회행사의 개최는 호텔 내의 많은 영업장의 매출증진에 기여하는 바가 크다. 뿐만 아니라 컨벤션 서비스, 운송, 관광문화 등 호텔 외적요인에 대한 파급효과도 상당히 크다고 할 수 있다.

8) 사전예약 및 계약 필요

각종 컨벤션이나 연회는 예약에 의해 접수되고 견적서에 의해 계약이 성립되며 행사지시서(event order)에 의해서만 준비−진행−마감되는 시간과 공간적인 계약을 받는다.

한편 연회는 예약에 의해 개최되고 그에 따라 준비가 이루어지기 때문에 주최자가 의도하는 대로 사전에 준비할 수 있다는 이점도 있다.

9) 연회의 목적에 따른 특성화

연회상품이 갖는 최대의 장점이 바로 이 점이다. 연회장을 행사의 목적과 종류에 적합하게 분위기를 연출할 수 있기 때문에 이 점은 어떤 레스토랑에서도 흉내 낼 수 없는 연회상품의 특성이다. 연회장의 분위기를 살리기 위해 연회장에 여러 가지 장치와 조명을 설치하게 되며 연회장의 세트도 연회의 성격과 기능에 따라 구별되어야 하고 이에 따른 테이블의 배치도 그때그때 다르게 장식할 수 있다.

10) 관련부서 간 긴밀한 협조관계가 필요

연회행사는 행사의 규모 대소를 불문하고 특정 개인이나 부서 단독으로 수행할 수는 없다. 행사를 유치하는 세일즈맨, 연회장의 예약담당자, 현장의 서비스담당자, 조리부서 및 음향·조명 등의 기술 담당부서, 기타 장식과 관련되는 꽃, 아이스 카빙(얼음 조각) 담당자 등과 주차장, 시설부(전기 및 에어컨)에 이르기까지 모든 부서가 관련된다.

따라서 연회행사는 관련부서들 간의 공조를 통해서만이 가능하다. 여기서 중요한 것은 연회와 직·간접으로 관련되는 제 부서 간의 체계적인 협조체제를 구축하는 것이다.

11) 다양한 가격대

연회행사도 일반 레스토랑처럼 메뉴에 의거한 규정된 가격에 의해 연회상품이 판매되지만 연회예약 접수 시 고객의 예산과 행사의 특성 및 중요도에 따라 특별한 메뉴를 요구할 경우 그에 따른 특별요금(별도의 요금)이 적용될 수도 있는 특성이 있다.

2. 연회의 파급효과

연회장은 호텔 내의 하나의 영업장이지만 국제회의와 각종 대소연회를 개최하여 호텔 내의 객실판매와 각 영업장 매출증진으로 이어지는 파급효과가 매우 크다. 여기서는 호텔 내의 파급효과에 국한하지 않고 호텔 외부로의 파급효과까지 보다 광범위하게 설명하고자 한다.

1) 경제적인 측면

연회장은 국제회의 및 대규모 연회개최로 호텔산업의 중추적인 역할을 함으로써 숙박 및 음식에 대해 영향력이 크다. 이 외에도 회의장의 임대료와 부수되는 장치료, 전신전화비, 일반관광객이 하지 않는 연회 즉 환영, 환송파티 등의 부가수입이 있다.

호텔 외에도 외부 관광환경과도 연결되어 관광 및 쇼핑 등이 있으며 지역의 문화수준 향상과 고용의 효과, 세수입 확대도 기대될 수 있다. 특히 국제회의의 경우나 국제적인 인센티브그룹 유치는 계절적 변수가 적은 것으로 관광비수기 때 유치함으로써 관광객의 계절적 수요편재를 해결할 수 있어 호텔뿐만 아니라 국가경제 및 지역개발을 통한 부와 자긍심을 불어넣어 줄 수 있다. 국제회의에 참석하는 관광객의 관광소비도 국가의 경제권에 유입되어 직업과 소득의 많은 부문이 직접적으로 창출되며 간접적인 경제적 유발효과도 가져온다. 즉 국제회의가 많아지면 경제의 다른 부문에서 수요가 발생되며 관광사업에 관련된 연관 산업 파급효과를 일으킨다.

2) 사회적인 측면

호텔에서 국제회의 및 연회를 개최함으로써 관련분야의 국제화 내지는 질적 향상을 가져와 일반국민의 자부심 및 의식수준의 향상을 꾀하고 아울러 각종 시설물의 정비, 교통망 확충, 환경 및 조경개선, 고용증대, 관광쇼핑의 개발 등 광범위한 효과가 발생된다. 또 주최국으로서 의사결정 참여 등의 개최국의 권위신장 및 이익옹호가 가능하다.

3) 관광 문화적인 측면

연회장에서 이벤트를 통한 연회를 개최함으로써 관광객 유치와 더불어 한국의 문화. 풍습, 음악, 무용 등을 소개할 수 있는 관광 문화변수로 등장하게 되었다. 특히 국제회의에 참석하는 참가자들에게 자국의 문화소개는 필수적으로 되어 있으며, 이것이 호텔 연회장에서 문화행사로 치러지고 있다.

또 자국인들에게 연회장을 개방함으로써 국민들에게 문화 공간 활용의 장으로 이용되고 있으며, 지역주민들을 위해 꽃꽂이 강습회, 테이블 매너교실, 요리교실, 차밍스쿨, 어린이행사 등 다양한 행사를 함으로써 관광 문화적인 역할을 수행하고 있다.

4) 호텔 경영 및 매출액 측면

호텔기업의 수입원은 객실, 식당, 연회, 주장 그리고 임대수입이다. 연회장에서 국제행사를 유치하거나 인센티브 연회, 세미나 및 학술대회를 유치할 경우는 객실에 투숙하게 되고 각 식당 및 주장을 포함한 부대영업장을 이용하게 됨으로써 연회장의 매출부문 이외의 호텔기업 수입에 미치는 영향이 지대하다. 그래서 호텔기업에서는 객실판매 다음으로 연회판매의 중요성을 인식하고 있다.

따라서 호텔이 연회매출액을 최대한 확보하기 위해서 연회부가가치상품을 개발하고 호텔경영방침을 연회부문으로 확대하는 경우가 점차적으로 많아지고 있다.

제4절 연회행사의 종류

연회행사는 크게 식음료연회와 임대연회로 구분할 수 있다. 식음료연회도 식탁에 앉아서 식음료의 제공순서에 의해 서비스를 받는 테이블서비스 연회와 셀프서비스형태의 연회로 나눌 수 있다. 일반적으로 이루어지고 있는 연회의 종류와 행사 진행방법은 다음과 같다.

1. 테이블서비스 파티(디너파티)

연회행사 중 가장 격식을 갖춘 의식적인 연회로서 그 비용도 높을 뿐만 아니라 사교상 어떤 중요한 목적이 있을 때 개최한다. 초대장을 보낼 때 연회의 취지와 주빈의 성명을 기재한다. 초대장에 복장에 대해 명시를 해야 하며, 명시가 없으면 정장으로 하는 것이며 유럽 쪽에서의 디너파티는 예복을 입고 참석한다.

▲ 연회장 테이블 서비스

연회가 결정되면 식순이 정해지고 참석자가 많을 경우는 연회장 입구에 테이블 플랜을 놓아 참석자의 혼란을 피하도록 한다.

디너파티는 초청자와 주빈이 입구 쪽에 일렬로 서서 손님을 마중하는 소위 리시빙라인을 이루어 손님을 맞이한다. 식사 전 리셉션칵테일 시간을 가지며 식당 입장은 호스트가 주빈 부인을 에스코트하여 선도하고 다음으로 주빈이 호스테스를, 그 이하는 남성이 여성에게 오른팔을 내어 잡도록 하여 좌석 순에 따라 착석한다.

요리의 코스가 예정대로 진행되어 디저트 코스가 들어오면 주빈은 일어서서 간략하게 인사말을 한다. 식탁의 배열은 식당이나 연회장의 넓이와 참석자 수, 그리고 연회의 목적에 따라 여러 가지 스타일로 연출한다. 식순에 있어서는 파티의 성격, 사회적 지위나 연령층에 따라 상하가 구별되며 여기에 따라 주최자와 충분한 협의 후에 결정한다. 외국인의 경우 부인을 위주로 하며 대체로 그 방의 입구에서 가장 먼 내측이 상석이 된다.

2. 칵테일파티

칵테일파티는 여러 가지 주류와 음료를 주제로 하고 오드볼(Horse d'oeu-vre)을 곁들이면서 스탠딩(Standing) 형식으로 행해지는 연회를 말한다. 식사 중간 특히 오후 저녁 식사 전에 베풀어지는 경우가 많다. 축하일이나 특정인의 영접 때에는 그 규모와 메뉴 등이 다양하고 서비스방법도 공식적으로 차원 높게 베풀어지지 않으면 안 되나, 일반적으로 결혼, 생일, 귀국기념일 등에는 실용적인 입장에서 칵테일파티가 이루어진다. 칵테일파티를 준비함에 있어서는 예산과 정확한 초대인원, 메뉴의 구성, 파티의 성격 등을 파악하여 놓아야 한다. 특히 소요되는 주류를 얼마나 준비하여야 하는가 하는 문제는 매우 중요하다. 보통 한 사람당 3잔 정도 마시는 것으로 추정하는 것이 합리적이다.

▲ 칵테일파티 1   ▲ 칵테일파티 2

　칵테일파티는 테이블서비스 파티나 디너파티에 비하여 비용이 적게 들고 지위고하를 막론하고 자유로이 이동하면서 자연스럽게 담소할 수 있고 또한 참석자의 복장이나 시간도 별로 제약받지 않기 때문에 현대인에게 더욱 편리한 사교모임 파티이다.

　고객들이 파티장입구에서 주최자와 인사를 나눈 다음 입장을 하고 연회장내에 차려져 있는 바에서 좋아하는 칵테일이나 음료를 주문하여 받은 다음 격의 없이 손님들과 어울리게 된다.

　서비스맨들이 특히 주의해야할 점은 준비되어 있는 음식과 음료가 소비되어야 하므로 셀프서비스형식이더라도 고객 사이를 자주 다니면서 재 주문을 받도록 해야 한다. 특히 여성고객들은 오드볼 테이블에 자주 가지 않는 경향이 많으므로 오드볼 트레이(Tray)를 들고 고객 사이를 다니면서 서비스하는 것을 잊지 말아야 한다.

3. 뷔페 파티

　뷔페는 파티 때마다 아주 다양한 형태로 달리 준비될 수 있기 때문에 적절한 용어 해석이 없다.

　단지 샌드위치류와 한 입 거리(Finger food) 음식을 뜻할 수도 있고 정성들여 만든 여러 코스의 실속 있는 식사를 뜻하기도 한다. 찬 음식과 더운 음식을 같이 낼 수 있으며 음식을 연회직원이 서비스할 수도 있고 고객이 자기 양껏 기호대로 가져다 먹을 수도 있다. 그리고 뷔페도 디너식사만큼 형식을 갖출 필요가 있다.

참석인원수에 맞게 뷔페 테이블에 각종 요리를 큰 쟁반이나 은반에 담아 놓고 서비스 스푼과 포크 또는 Tong을 준비하여 고객들이 적당량을 덜어서 식사할 수 있도록 하는 파티를 말하며 좌석 순위나 격식이 크게 필요 없는 것이 특징이다.

연회직원은 음료서비스에 신경을 써야 하며 사용된 접시는 즉시 회수해 주어야 한다.

▲ JW메리어트 뷔페레스토랑

1) 스탠딩 뷔페파티

칵테일파티에 식사 요소가 가미된 요리중심의 식단이 작성되며 여기에 스탠딩 뷔페는 양식요리가 추가되고 중식, 일식, 한식요리 등이 함께 곁들여지는 것이 특징이다. 고객들의 취향에 맞은 요리와 음료를 마음껏 즐길 수 있도록 때로는 연회장 벽 쪽으로 의자를 배열하여 고객의 편의를 제공하기도 한다. 이 뷔페는 "한 손에 접시를 들고 다른 한 손은 포크를 들고 서서하는 식사"라고 정의할 수 있는데, 이러한 식사형태는 공간이 비좁아서 테이블과 의자를 배치할 수 없는 경우에 적합하다.

Standing Buffet는 Sitting Buffet에 비해 비교적 형식에 구애를 덜 받지만 적게 먹는 경향이 있다. 이유는 식탁 없이 먹기가 쉽지 않기 때문이다.

2) 착석 뷔페파티

Sitting Buffet Party는 음식이 식당에 차려지기 때문에 저녁식사나 점심식사와는 또 다른 주요리 식사이다.

이 음식을 차리려면 먼저 고객이 전부 앉을 만한 테이블과 의자를 갖추어야 하고 접시와 잔, 포크, 나이프, 냅킨 등을 구비하여 테이블에 정돈하여 놓아야 한다. 그리고 요리장이 갖은 솜씨로 장식하고 구색을 갖추어 꾸며낸 요리를 뷔페테이블에 가지런히 진열해 놓는다. 이때 고객의 접시에 음식을 효과적으로 서브할 수 있는 주방요원을 확보해 두는 것이 좋다. 이유는 고객이 직접 Carving을 요하는 음식을 썰어 담기가 힘들기 때문이다. 그리고 뷔페가 시작되면 음식 전부를 내다 차리기보다는 일정량만을 내놓고 음식을 자주 바꾸어 주는 것이 효과적이다.

3) 조식 뷔페파티

많은 호텔들이 고객을 위하여 여러 가지 다양한 음식으로 조식뷔페를 준비하고 있다. 대개 버터와 치즈류, 잼, 마멀레이드와 함께 빵과 롤 빵류를 내고 또 찬 육류와 어류를 석쇠에 구워 뜨겁게 접시에 담아내기도 하며, 과일주스, 신선한 과일과 스튜한 과일 그리고 곡류음식을 낸다.

호텔의 조식 뷔페는 대개 셀프서비스방식을 채택하는 경우가 많은데 이것은 고객들이 식도락을 즐기도록 하기 위함보다는 서비스의 신속성과 종업원의 인원절감, 즉 경제적 이유 때문이다. 이러한 조식 뷔페는 사실 진정한 의미의 뷔페는 아니다.

4) Finger Buffet Party

뷔페의 유형 중에서 가장 형식에 구애받지 않는 파티로서 Standing Buffet Party처럼 고객들이 서로 간의 교제기회를 주최 측에게 제공하고자 할 때 아주 적합하다. 이 파티는 고객들이 실속 있는 음식을 기대하지 않는 낮 시간에 주로 하는 간이식사로서 포크나 나이프 없이도 먹을 수 있는 음식으로 차려야 하므로 한 입 거리 크기로 준비한다.

물론 서서히 진행되는 스타일이지만 연로한 손님을 위해서 테이블과 의자를 몇 군데 배치하는 것이 바람직하다.

5) Table Buffet Party

뷔페파티는 연회행사에 참석하는 고객들의 입맛을 모두 고려할 수 있다는 장점으로 가장 인기 있는 메뉴로 등장했다. 그러나 행사인원이 많아질 경우 연회 참석객들에게 뷔페라인을 형성시켜 여러모로 불편을 초래하게 된다.

이와 같은 단점을 극복하기 위해 새롭게 등장한 것이 테이블 뷔페파티이다.

테이블 뷔페파티는 뷔페음식 테이블을 별도로 두지 않고 메뉴에 따른 적정량의 음식을 작은 용기에 제공하여 종류별로 고객용 라운드 테이블에 직접 마련한 것이다. 때문에 일반 뷔페행사와는 달리 고객들은 일어서서 음식을 가지러 갈 필요 없이 앉은 자리에서 식사할 수 있다. 결국 일반 뷔페행사보다 더 품위 있고 조용하게 많은 인원의 손님들에게 뷔페를 제공할 수 있는 방식이라고 볼 수 있다. 테이블 뷔페는 서울의 H호텔에서 시행하고 있다. 이것은 마치 한정식을 차린 것과 비슷하나 한정식과는 메뉴구성에서 차이가 난다.

6) Buffet in the House

개인 집에서의 뷔페는 음식을 가정에서 만들든지 바깥에서 주문해 오든지 관계없다. 가정집에는 식탁테이블을 꾸미고 뷔페를 차릴 만한 크기의 방이 거의 드물다. 따라서 제일 큰 방에 한 개의 긴 식탁을 차리든가 아니면 작은 식탁 여러 개를 맞붙여서 배치하고 뷔페음식을 진열하여 손님이 직접, 기호에 맞게 양껏 집어 들고 테이블과 의자가 배치된 인접한 방에 가서 식사할 수 있도록 한다.

4. 리셉션 파티

리셉션은 중식과 석식으로 들어가기 전의 식사의 한 과정으로 베푸는 리셉션과 그자체가 한 행사인 리셉션으로 나눠진다.

1) 식사 전 리셉션(Pre Meal Reception)

식사에 앞서 리셉션을 가지는 목적은 일정시간에 이르기까지 손님들이 서로 모여서 교제할 수 있도록 배려하는 데 있고 이것은 다과와 같이 한입에 먹을 수 있는 크기의 음식을 제공하는 것이 통례이다. 이때 제공되는 음식은 구미를 돋우는 것이 적당하다.

여기에 따르는 음료들은 위스키와 소다, 진과 토닉, 그리고 과일주스, 소프트 드링크 등이 통상적으로 사용된다. 리셉션 장소는 고객들이 서로 부대낌 없이 움직일 수 있는 충분한 공간을 요하는데 이상적으로 250명의 리셉션에는 약 15.5m×15.5m 크기의 공간이 필요하다. 그러나 불규칙한 모양의 홀이라면 좀 더 넓어야 할 것이다.

식사 전 리셉션은 보통 30분 동안 베풀어지므로 초대장에 "오후 6시 30분부터 7시 사이(6 : 30 for 7 p.m)"라는 문구를 삽입하도록 한다. 때에 따라서 고객이 너무 일찍 오거나 귀빈이 너무 늦게 오는 경우 리셉션 시간이 더 늘어날 수도 있지만, 일반적으로 대부분의 사람들은 30분쯤 기다렸다가 함께 식사하러 들어가는 것이 좋다.

식사 전 리셉션에 내는 음식은 내용을 풍부하고 실속 있는 것들로 차려서는 안 되고, 다만 고객의 식욕을 돋우는 작은 한 입 거리 음식과 음료로 꾸며야 한다. 땅콩류와 포테이토 칩, 올리브류, 칵테일 오니온, 조그만 크기의 칵테일 비스킷 등이 일반적으로 제공되는 품목이며, 때때로 카나페와 세이보리류가 제공되기도 한다. 이때 주의해야 할 점은 이들 리셉션 음식으로 인해 오히려 식욕이 둔감되지 않도록 신경써야 하므로 음식들을 작은 크기로 구미를 돋우는 것들이어야 한다. 스위트품목은 식사 전에 결코 제공되어서는 안 된다.

2) 풀 리셉션(Full Reception)

풀 리셉션은 문구 그대로 리셉션만 베풀어지는 행사이다. 한 번 제공된 음식들로만 채워지고 더 따라오거나 이어지는 음식이나 주류는 없으며 보통 2시간 정도 진행된다. 제공되어지는 음식은 대체적으로 카나페, 샌드위치, 커틀릿, 치즈, 디프류, 작은 패티 등의 한 입 거리 음식으로 준비하며 식사 전 리셉션의 음식보다는 내용이 더 실속이 있어야 하고 더운 음식과 차가운 음식으로 다양하게 구성하여야 한다.

주류로는 식사 전 리셉션에서는 독한 술이 어울렸지만 풀 리셉션에서는 디너와 뷔페와 같이 고객에게 와인류를 제공해도 된다.

적포도주나 달콤한 백포도주, 드라이 백포도주와 로제포도주류 등을 고객이 선택할 수 있도록 준비하고 포도주의 질은 가격과 모임의 특성에 따라 결정하도록 한다.

5. 티 파티(Tea Party)

일반적으로 브레이크타임에 간단하게 개최되는 파티를 말한다. 칵테일파티와 마찬가지로 입식으로 커피와 티를 겸한 음료와 과일, 샌드위치, 디저트류, 케이크류, 쿠키류 등을 곁들인다. 보통 회의 시, 좌담회, 간담회, 발표회 등에서 많이 하는 파티의 일종이다.

또한 자녀중심의 입학·졸업 축하, 여성의 동창회, 생일파티 등의 간단한 파티에 적용되며 음식은 1일분씩 다과를 세트로 차려놓고 자유롭게 먹는다.

6. 특정목적의 파티

1) 모금 파티(Party for Fund Raising)

미국에서는 각종 선거가 가까워 오면 특정후보를 위하여 자금을 모금하기 위한 파티가 성행하는데 모임은 정당주최, 개인주최 등 다양하다. 회비는 1인당 100달러에서 1,000달러까지 있다.

민간단체에서도 화이트 엘리펀트 세일(White Elephant Sale)이라고 부르는 파티가 있다. 화이트 엘리펀트는 흰 코끼리라는 뜻으로, 이를 유지하는 데는 비용이 많이 드는, 무용의 거물이라는 뜻이다. 예를 들면 불용품 교환회가 이러한 모임의 일종이다. 술을 못 먹는 사람에게 위스키는 불용품이나, 다른 사람에게는 가치 있는 사장품인 것이다. 헌 원피스, 커피, 악세사리 등 이러한 것들을 지참케 하여 일정한 장소에 모아 경매에 붙여서 그 판매대금을 모금하게 된다.

우리나라도 정치인들의 모금운동이 법적으로 보장되면서 특정후보를 지원하기 위한 이런 류(類)의 각종 모금행사가 선거시기와 관계없이 개최되고 있다.

2) 포트럭 디너(Potluck Dinner)

미국인들이 고안해 낸 파티이다. 각자 일품식사를 지참하여 한 자리에 모여 다 같이 즐기는 파티로서 이를 코퍼레이팅 파티(Cooperating Party)라고도 한다. 주최자가 음식목록을 작성하여 주요리, 샐러드, 디저트로 분류하고 참석자들에게 그중 한 가지의 음식을 지참케 하는 것이다. 이러한 파티는 주로 개인적 성격의 파티로서 서로의 친분이 두터운 것을 전제로 한다.

3) 샤워 파티(Shower Party)

친한 친구끼리 모여 축하를 받을 사람을 중심으로 하여 그에 대한 환담으로 화제를 유도하며 참석자 전원이 선물을 하는 파티이다. 즉 우정이 비와 같이 쏟아진다는 "샤워(Shower)"의 의미를 붙인 것이다. 이는 극히 개인적인 파티이며 주로 여성들이 중심이 되어 개최하는 파티이다. 신혼부부에게 필요한 선물을 하는 결혼축하연, 출산을 축하하는 출산축하연 등이 있다.

4) 무도회와 댄스파티(Ball and Dance)

우리나라에서는 무도회와 댄스파티를 분명히 구별하지 않는 경향이 있으나 영어로는 이 양자를 구별한다. 즉 댄스파티는 보통 일정한 연령에 달한 사람을 초대하지만 무도회는 연령에 관계없이 호스테스와 친한 관계의 인사는 누구나 초대될 수 있다는 차이이다. 다시 말하면 무도회는 댄스파티보다 많은 사람이 출석하는 큰 규모의 댄스파티를 의미한다. 남성은 소개받은 여성에게 한 번은 댄스를 프로포즈하는 것이 에티켓이다.

7. 출장연회(Out side Catering)

사실상 근래에 들어 연회사업 중 가장 각광을 받고 크게 번창하는 분야가 바로 출장연회이다. 연회주최자 자신의 건물에서 연회를 베풀고자 하는 의도는 여러 가지가 있을 수 있다. 그리고 연회의 형태, 스타일, 규모도 다양하다. 소규모로서 가장 간단한 출장연회의 한 형태는 개인 가정집의 조촐한 오찬 및 만찬파티이고, 가장 많이 베풀어지는 형태는 결혼피로연, 생신연, 기타 가족모임이다. 기업체에서는 귀빈의 방문이라든가 무역박람회 혹은 특별행사에 참석하는 손님들의 접대를 위해 출장 연회팀을 부르기도 한다. 특히 근래에 들어 사무실 이전이라든가 사옥기공 및 준공에는 출장연회가 필수적인 요소처럼 되었다. 따라서 이러한 파티를 요청 받으면 연회담당자가 제일 먼저 해야 할 일은 주방요원과 함께 파티현장에 가보는 일이다. 주방의 규모와 활용 가능한 설비에 따라 어떤 음식을 제공해야 할 것인지를 결정해야 하기 때문에 주최자와 메뉴를 상의하기 이전에 방문하여 둘러보아야 한다.

▲ 야외 케이터링 서비스

8. 옥외파티(Entertaining in the Open Air)

날로 증가하는 현대생활에 대한 압박감과 전원생활에 대한 향수로 인해 사람들은 파티를 옥외에서 즐기는 방법을 찾게 되었다. 옥외 식사에는 기본재료를 사용해서 만든 간단하고 맛있는 음식이 적합하다.

옥외 파티는 크게 다음과 같이 3종류로 나누어진다.

▲ 워커힐의 아스톤 하우스 가든파티 전경

1) 바베큐 파티(Barbecues Party)

바베큐란 낱말은 옥외용 숯불구이 석쇠를 뜻하지만 옥외파티란 의미로 사용될 때는 조리방법을 꼭 석쇠구이에 한정시키지 않고 정원에 영구적으로 설치해 놓는 영구석쇠틀, 휴대용 그릴, 캠프파이어 등을 의미하기도 한다. 바베큐에 쓰이는 불은 건조시킨 단단한 나무(떡갈나무, 벚나무 등)나 잘라낸 포도나무 혹은 숯을 이용하며, 어떤 연료를 사용하든지 조리는 타오르는 불길 위에서가 아니고 뜨거운 잔화 위에서 해야 한다.

바베큐의 메뉴로는 보통 찹류(Chops), 스테이크류, 소시지, 치킨 그리고 송어 등 단단한 살을 가진 생선 등이 이상적인 품목이다.

마리네이드 종류는 그릴링하기 전에 숯불에 마리네이드액이 떨어지지 않도록 물기를 털어 주고 조심스럽게 굽도록 할 것이며, 굽는 동안 마리네이드와 함께 버터를 발라 준다. 음식은 석쇠에 굽기 전에 미리 간을 하고 기름을 발라 준다. 송어나 단단한 살을 가진 생선은 알루미늄호일에 싸서 바베큐 조리를 한다. 가니쉬와 야채 등은 메인 품목과 함께 싸면 한 번에 전 코스를 그릴링 할 수 있다. 감자도 낱개로 알루미늄호일로 포장해서 숯불 가까이 두든지, 숯불 안에 넣든지 해서 구워 낼 수 있다.

소, 돼지나 어린 양의 전체 몸통구이는 영국에서 자선사업기금을 조성하는 데 가장 널리 쓰이는 방법이다. 그리고 때때로 개인파티에서도 이루어질 수 있는데 불 주위에 둘러 모여 서서, 숯불구이를 들면서 나무로 만든 큰 컵에 거품이 있는 맥주를 들이키는 기쁨을 서로 즐길 수 있기 때문이다.

2) 피크닉 파티(Picnic Party)

피크닉 파티는 말 그대로 야외에 가서 하는 가족단위, 회사동료, 동기·동창모임 등 다양하게 이루어지는 파티를 말한다.

피크닉에서의 음식은 바베큐의 조리방법으로 서브될 수 있는 것이 많다. 통나무나 담요를 깔고, 앉아 있는 손님들에게 바구니의 찬 음식을 서브한다.

그리고 더운 날씨에는 음식을 좀 선선하게 해서 제공해야 한다.

조류나 육류의 찬 로스트류, 파이류, 무스류, 젤리와 가토우, 그리고 과일류, 차가운 수프, 과일샐러드, 빵류 소금과 후추, 드레싱류 등이 대상품목이다.

아이스박스에 음식을 넣으면 몇 시간 정도는 차게 유지할 수 있다. 그리고 차가운 과일 샐러드는 물에 한 번 씻어서 플라스틱 등에 담아 운반할 수 있다. 혼합샐러드의 경우 그릇에 담아 갈 수도 있지만, 토마토나 오이와 같이 물기가 있는 식품은 통째로 가져가서 목적지에 가서 첨가해 주는 것이 좋다. 포도주, 맥주, 생수 등은 아이스박스에 담아서 가지고 와서 계곡의 차가운 물이나 웅덩이 물에 담가두면 시원한 상태를 유지할 수 있다.

3) 가든파티(Garden Party)

쾌적하고 좋은 날씨를 택하여 정원이나 경치 좋은 야외에서 하는 파티를 말한다. 날씨가 변덕스럽기로 소문나 있는 영국이지만 가든파티는 거의 관습처럼 베풀어지는데 영국 황실의 버킹검 궁전 뜰에서 베풀어지는 로열 가든파티는 세계적으로 유명하다. 그러나 부드럽게 깔린 넓고 푸른 잔디밭과 아름다운 정원을 갖추고 있는 장소라면 어떤 곳이든 가든파티를 행할 수 있다.

가든파티는 다른 형식의 옥외파티와는 달리 평상복이 아니라 정장차림으로 참석해야 하는 모임이다. 음식은 한 입 크기로 준비하고 맛좋은 품목으로 훌륭한 접시 위에 예쁘게 담아내도록 한다. 가든파티는 보통 오후에 열리므로 관습적으로는 차(Tea)와 함께 싱싱한 레몬이나 오렌지스쿼시를 음료로 준비한다. 그러나 음료류에는 알콜이 함유되어 있지 않는 다른 차가운 음료도 포함시켜서 서브할 수 있다.

식탁이나 의자를 준비하지 않으므로, 파티는 스탠딩 뷔페에 해당되고 식단은 뷔페에 준하여 낸다. 그러나 가든파티에서는 싱싱한 과일샐러드와 아이스크림류도 낼 수 있으며, 딸기나 크림이 제철일 때는 거의 필수적으로 낸다. 그리고 테이블이나 의자를 준비하지 않으므로 파티는 Finger Buffet에 해당되고 메뉴는 뷔페에 준한다.

9. 임대연회(Rental)

식사 위주의 행사가 아니라 호텔 측에서 볼 때 연회장 및 기타 설비의 임대에 의미를 두는 연회를 말한다.

1) 전시회

무역, 산업, 교육 분야 혹은 상품 및 서비스판매업자들의 대규모 상품진열을 의미하는 것으로서 회의를 수반하는 경우도 있다.

전시회, Trade Show라고도 하며 유럽에서는 주로 Trade Fare라는 용어를 사용한다.

2) 국제회의(Convention)

회의분야에서 가장 일반적으로 쓰이는 용어로서 정보전달을 주목적으로 하는 정기집회에 많이 사용된다.

과거에는 각 기구나 단체에서 개최되는 연차총회의 의미로 쓰였으나 요즘은 총회, 휴회기간 중 개최되는 각종 소규모회의, 위원회 등을 포괄적으로 의미하는 용어로 사용된다.

3) 기타

문화, 예술, 공연, 체육행사, 패션쇼 등

제**2**장

호텔연회 예약관리

제2장 호텔연회 예약관리

제1절 **연회예약 의의**

연회예약은 연회행사를 주최하고자 하는 최초의 고객 의사표시이다. 행사를 상담하는 과정에서 제안견적서가 필요하고, 확정이 되면 예약전표와 계약서를 작성하게 된다. 또한 이렇게 예약된 행사는 최소 일주일 이내에 행사지시서를 행사관련 부서로 전달하여 행사가 진행되는 과정을 거치게 된다. 본 장에서는 견적서를 제외한 예약과정에 필요한 것을 다루도록 하겠다.

1. 연회예약의 개념 및 의의

1) 연회예약의 개념

호텔 내의 각종 연회는 예약에 의해서 접수되고 제안견적서에 의해 계약이 성립되며 행사지시서(event order 혹은 Function sheet)에 의해서 분비-진행-마감되는 절차를 따르고 있다. 이처럼 연회가 예약에 의해 개최되고 그에 따라 준비가 이루어지기 때문에 연회예약은 연회행위를 하기 위한 최초의 고객의 의사표시로 받아들여지고 있다. 일반적으로 연회예약실은 호텔의 얼굴과도 같아 상담하기 좋은 분위기와 연회장의 접근이 좋은 위치에 있는 것이 보통이다.

2) 연회예약의 의의

오늘날 호텔예약은 고객으로부터 예약을 기다리는 시대는 과거의 일이 되어버렸다. 고객은 다양한 채널을 통해 호텔에 관한 정보를 수시로 제공받기 때문이다. 이에 호텔 측에서는 까다롭고 변덕이 심한 고객의 취향을 맞추는데, 남다른 전략을 세워 대응하도록 해야 함은 물론이고, 호텔 예약담당자와 판촉사원은 고객과 밀접한 협력 체제를 갖추어 적극적인 판촉활동을 통하여 고객확보와 유지에 최선의 노력을 기울여야 한다. 또한 경쟁업체보다 우위를 차지하려면 최고의 시설, 특징 있는 요리, 품위 있는 장식, 최고의 서비스를 지속적으로 개발하여 최상의 상품으로 판매될 수 있도록 유도해야 한다. 특히 친절한 예절과 정중한 언어구사, 상품지식 등을 습득하여 고객에게 좋은 이미지를 심어 주는 것은 연회 행사를 상담하는 담당자와 기본적인 자질이기도 하다. 현실적으로 체계적이며 전문적인 예약절차 및 행사진행은 고객으로부터 요청되는 다양한 요구를 만족시키고 고객창출과 고객창출화에 크나큰 영향을 미치므로 전문적이고 고도의 숙련된 기술을 가진 예약운영이 중요하고 필요하다고 볼 수 있다.

GRAND
INTERCONTININENEAL.
SEOUL
BANQUET CONTRACT
연회계약서

Company 회사명		
Organizer 담당자	Telephone 전화	
Address 주소		
Date of Function 연회일자	Venue 장소	
Type of Function 연회종류	No. of Guarantee 최저인원수	

ITEM / 구분	MENU & PRICE PER PERSON / 메뉴 & 단가	AMOUNT / 금액
FOOD 음식		
Beverage 음료		
F&B Sub-Total 식음료 합계		
10% Service Charge 10% 봉사료		
10% VAT 10% 부가세		
F&B Total 식음료 총계		
Room Rental 대실료		
Decoration 장식		
AV Equipment 시청각 기자재		
Outside Vendor 협력업체		
Corkage Charge 주류반입료		
Other 기타 선택사항		
Sub-Total 소계		
10% V.A.T 10% 부가세		
Total 합계		
Grand Total 총합계		
Deposit Paid 계약금		

Signed in agreement of the above and subject to the terms and conditions on the backside of this contract

Date	CLIENT	GRAND INTER-CONTINENTAL SEOUL

▲ 인터콘티넨탈 호텔 연회 계약서 샘플

제2절 연회예약부서의 조직과 직무

1. 연회예약부서 구성원의 직무

호텔연회예약부서의 직무분담은 예약직원의 자질향상과 예약담당의 조직을 강화하여 슈퍼 엑설런트(Super Excellent)한 예약업무로 고객의 재창출 및 매출액 증대에 기여하기 때문에 효율적으로 나눠져야 한다.

대규모 호텔 연회예약부서의 직무분장은 거의 대동소이한 것으로 나타났다. 연회예약이 호텔 기능상 중요한 위치에 점하게 된 것은 국제회의, 연회, 가족모임 등이 대중화되어 호텔을 이용하면서부터였다.

연회예약부서의 기본적인 운영방침은 대략 다음과 같다.

① 대 고객 서비스의 평등화
② 고객의 재창출 및 매출액 증대
③ 연회판촉 조직구성원과 협조체계 강화를 통한 업무효율화
④ 고가격, 고품질 상품 및 고품질 서비스화
⑤ 예약직원의 대 고객 서비스의 자질향상
⑥ 경쟁호텔 우위 확보

연회예약부서는 크게 연회예약지배인, 코디네이터, 예약사무원으로 3등분 된다.

1) 연회예약지배인의 직무

(1) 직무개요

연회행사를 판매하며, 각종 연회행사, 컨벤션, 미팅, 기타 행사를 조정하는 업무를 담당한다. 그리고 판매문의에 대해 사내 판매의 대표자이며, 행사예약 장부의 컨트롤에 대한 최종 책임자이다. 또한 연회행사가 원만히 준비되어 진행될 수 있도록 모든 연회

장 준비에 대한 조정을 담당한다. 그리고 연회예약부서 구성원들의 지휘·감독업무와 관련 부서와의 업무상 협의에 대한 책임을 진다.

연회예약지배인은 고객으로부터의 예약을 접수하여 연회를 창출하는 업무를 책임지고 있는 직책으로서 예약을 받을 때 파티의 종류, 인원, 날짜, 메뉴를 정하고 연회에 필요한 시설과 장소를 고객에게 상세하게 설명해 주어야 한다.

식음료에 관한 지식을 완벽하게 습득하여 연회 수익의 산출능력을 갖추고 고객에 대한 연회행사의 판매, 세미나, 가족모임, 기타 행사의 조정 및 모든 연회장의 준비에 대한 조정을 담당하는 직무를 지니고 있다.

연회예약지배인은 고객의 요구에 대한 즉각적인 답변을 할 수 있는 능력을 소유하고 있어야 하며, 차질 없는 연회행사의 진행을 위해 각 부서와 유기적인 관계를 유지할 수 있는 원만한 성격의 소유자여야 한다. 연회예약지배인의 구체적인 직무는 다음과 같다.

(2) 구체적인 직무와 책임

① 연회예약과 관련된 모든 업무에 대한 총괄적인 지휘·감독 관리업무
② 타 부서와의 협조 관계
③ 연회 예약의 메뉴 및 가격 결정
④ 연회 예약 접수에 따른 관리 및 결재
⑤ 연회 예약 대장의 관리
⑥ 직원의 교육 및 근무 관리 등 기타 업무
  • 연회행사와 객실 필요에 대한 예약과 관련된 개인 및 단체와 교섭한다.
  • 음식과 함께 하는 연회를 계획하고 행사장 내의 모든 준비사항에 관한 요구에 대해 고객과 함께 연구한다.
  • 행사에 필요한 모든 장비를 고객에게 공급할 수 있도록 한다.
  • 통합판매체제의 증진을 위해 연회과장, 판매과장과 긴밀하게 협조한다.
  • 연회예약업무에 대한 총괄적인 진행에 대한 관리와 책임을 진다.
  • 모든 감독들에게 공통된 직무와 그리고 할당되는 기타의 직무를 수행한다.

2) 연회예약부지배인의 직무

(1) 직무개요

연회행사의 판매, 컨벤션, 미팅, 기타 행사의 조정판매와 문의에 대한 사내 판매의 부대표자로서 연회과장과 연회예약지배인의 업무보조, 행사 예약 장부의 컨트롤 및 모든 연회장 준비에 대한 조정을 담당한다.

(2) 구체적인 직무와 책임

① 연회회의 및 객실예약에 관한 개인 또는 단체고객을 면담한다.
② 연회장 내의 모든 연회, 회의, 기타 행사를 고객과 직접 계획한다.
③ 시청각 기자재를 준비하고 관리한다.
④ 컨벤션, 회의, 연회에 관한 서류를 유지·관리한다.
⑤ 예약 접수 내용 관리 및 연회 예약 대장을 기록·유지한다.
⑥ 견적서를 작성한다.
⑦ 행사 명령서를 작성한다.
⑧ 행사장 배치도를 기록하고 관리한다.
⑨ 연회장에 대한 각종 안내문을 준비하고 점검·확인한다.
⑩ 통합 판매체계의 증진을 위해 연회과장, 연회예약지배인, 판촉부서와 긴밀히 협력한다.
⑪ 기타 공통된 업무와 직무를 수행한다.

3) 연회예약사무원의 직무

① 각종 서식 및 메뉴 비품 관리
② 구매 요구서 발송
③ 우편물 접수 및 발송
④ 인쇄물 의뢰 및 수령
⑤ 각종 타이핑 및 메뉴 프린팅

⑥ Function Sheet의 배포

⑦ 예약금 관리

⑧ 기타

2. 연회예약담당의 조건

연회를 유치하기 위한 경쟁은 고객확보를 위한 전략이다. 따라서 연회 유치를 위한 연회요원은 연회상품지식은 물론 호텔상품(A.C.S)에 대해서도 풍부한 지식을 습득하여야 한다.

- Best Accommodation(좋은 시설 - 연회장)
- Best Cuisine(맛있는 요리)
- Best Service(좋은 서비스 - 인적 서비스)

또한 연회예약담당(Reception Clerk)으로서 보다 중요한 사항은 풍부한 상품지식은 물론이고 아울러 "고객에게 인간적으로 신뢰받을 수 있는 인간성"을 확립하는 것이다. "호텔○○에게 부탁하면 틀림없다"라는 믿음과 신뢰를 쌓아야 한다. 온화하고 공손한 마음으로 고객을 접하며 일단 응낙한 사항은 실천하도록 최선을 기울이고 고객에게 행사 진행에 있어서 편안한 마음을 줄 수 있도록 응대하여야 한다. 또한 자기계발을 위하여 끊임없이 노력하고 연구하는 마음자세로 업무에 임해야 한다.

3. 예약담당의 업무

예약업무는 고객에게 예약을 수주하는 리셉션(Reception)업무와 관계부서에 발주하는 발주업무로 대별할 수 있다.

1) 예약실의 주요담당(Reception Clerk)의 업무

① 내방고객의 연회상감 및 예약접수

② 전화 상담과 예약접수

③ 연회장 안내(룸 쇼잉)

④ Control Chart 관리(룸 판매 관리)

⑤ 예약 취소, 변경 시 관계부서 통보

⑥ 예약금 취급 및 관리

⑦ 연회관련 정보 접수 시 판촉사원에게 정보 제공

⑧ Function Sheet(Event Order) 작성

⑨ Menu, 견적서, 도면 작성

⑩ 판촉지배인 부재시 대리 상담

⑪ 전 사원 캠페인 교육 및 실적 집계

⑫ 조리부에 메뉴제출의뢰서 발송

⑬ 가족모임 실적 집계

⑭ 고객관리카드 작성 유지

⑮ 호텔연회상품 홍보물(DM) 발송 등

2) 관계부서 발주업무

① 연회일람표 작성 및 통보

② Menu, Name Card, 좌석배치도 제작

③ Function Sheet의 관계부서 배로

④ 외주업무의 발주(Flower, Photo, Banner, Placard, Musician Menu 등)

⑤ Sign-Board, Seating Arrangement 제작 및 설치 의뢰

⑥ 고객관리카드 작성 및 보관

⑦ 감사편지 발송

⑧ Function Sheet의 보관

⑨ 각종 연회 Sales Kit 보관

⑩ 행사에 필요한 각종 인쇄물의 고안 및 발주

⑪ Ice Carving Logo 의뢰 및 담당자에게 송달

3) 예약업무에 관련 각종 서식

① Control Chart(연회예약 현황표)

② Quotation(견적서)

③ Reservation or Reservation Sheet(연회예약전표)

④ Function Sheet or Event Order(연회행사 지시서)

⑤ Daily Event Order(금일 연회행사 통보서)

⑥ Weekly Event Order(주간행사 통보서)

⑦ Monthly Event Order(월간행사 통보서)

⑧ VIP Report(금일 VIP 방문 통보서)

⑨ Price Menu(메뉴 가격표)

⑩ Price Information(가격안내표)

⑪ Floor Lay-out(각층 연회장 도면)

⑫ Function Room Lay-out(연회장 도면)

⑬ Program(각종모임 안내표와 식순표)

⑭ Revises Memo or Adjustment(정정 통보지시서)

제3절 연회예약업무

1. 연회예약의 접수절차

연회예약 그 자체는 예약의 신청과 함께 시작되나, 고객은 예약을 신청하기 이전에 요리, 음료, 연회시설, 요금 등에 대하여 호텔에 문의하는 것이 보통이다. 이와 같은 고객의 문의에 대한 응답은 예약사원이 담당하게 되므로 예약사원은 연회세일즈를 담당하고 있는 셈이다. 그리고 이와 같은 문의가 예약접수의 제일보이기도 하다. 예약접수의 업무는 다음과 같은 순서로 진행된다.

1) 예약 문의

연회예약에 대한 문의사항은 연회실이 비어 있는지의 여부·요리·음료, 회의장 등의 요금, 요리의 내용, 고객 측에서 주최하는 행사가 고객이 희망하는 기획 또는 연출 등에 부응할 수 있는지의 여부, 연회장의 규모 및 설비 등이 있을 것이다. 이러한 고객으로부터의 문의에 정확하게 답변하기 위하여 연회예약담당자는 연회장의 시설, 설비(면적, 연회실형태), 고객의 요청에 부응할 수 있는 기능의 범위, 요리, 음료에 관한 지식, 테이블 레이아웃의 방법 및 요금 등에 대해서 완벽하게 알고 있어야 한다. 고객의 문의가 있다는 것은 연회판촉이 어느 정도까지 침투되어 있다는 결과인데, 이 문의의 응대는 연회장 세일즈의 첫걸음이다. 연회 예약에 관한 문의는 전화로 해오는 경우가 많으나 대형의 연회, 회의 등의 경우에는 연회장을 답사하기 위하여 또 연회가 회의에 관한 상세한 사전협의를 위하여 그 연회 및 회의의 담당자가 직접 호텔로 찾아오는 경우도 있다. 이와 같은 경우에 연회 예약 담당자는 고객을 연회장으로 안내하여 필요한 설명을 하고 또한 고객의 요구 사항에 대하여 자세하게 설명을 한다. 이 경우 연회 판매의 세일즈에 관계될 뿐만 아니라 그 호텔의 서비스에 대한 인상을 심어주게 되므로 예약 담당자의 태도에는 충분한 주의가 요구된다.

2) 예약접수순서

예약의 신청에는 다음의 두 가지가 있다. 전화, 팩시밀리, 편지 등의 매체에 의한 신청과 호텔에 직접 찾아와서 하는 신청이다. 특히 전화에 의한 신청은 상대방을 잘 알 수 없으므로 請約(청약)의 상황에서부터 상대방을 파악함과 동시에 담당자의 설명에 불충분한 점이 없게 유의한다.

(1) 예약컨트롤 북(Reservation Control Book) 확인

연회예약에 대한 문의를 받게 되면 예약직원은 가장 먼저 희망하는 일시에 고객의 연회조건에 알맞은 적당한 연회장이 비어 있는가를 연회예약 컨트롤 북에서 확인한다. 연회장은 오전과 오후, 야간으로 2회 또는 3회로 예약을 받을 경우에는 연회의 내용과 다음 연회와 시간간격을 고려해서 받지 않으면 안 된다.

컨트롤 북의 양식은 호텔에 따라 다른데, 대별하면 월별 알림표와 일별 알림표로 나눌 수 있다.

(2) 예약접수서(예약 전표)의 작성

희망하는 일시와 인원을 고객에게 물어보고 예약컨트롤 북을 확인하여 적당한 연회장을 사용할 수 있다는 것을 알게 되면 그 뜻을 고객에게 전달하고 제반조건에 관한 합의가 이루어지면 예약접수서를 작성한다. 예약접수서는 다른 말로 예약수배서라고도 한다. 연회예약이 성립한 단계에서 그 연회에 대한 모든 필요조건을 이 예약접수서에 기입한다. 연회예약 접수서는 보통 일반연회의 것과 가족모임의 것으로 분류된다. 가족모임의 연회는 일반연회의 것보다 기입해야 할 사항이 많기 때문이다.

연회예약은 간단한 회식이나 정례적인 모임정도라면 전화만으로도 예약을 마칠 수 있으나, 대규모의 연회, 회의 또는 전시회, 가족모임 등에서는 주최자 측의 담당자와 연회예약직원이 직접 만나서 요리나 음료 그 밖의 행사 등에 관한 구체적인 협의를 갖게 되고, 어떤 경우는 그 횟수도 2회, 3회로 반복된다. 상담이 이루어져 결정된 사항은 모두 연회접수서에 기입된다. 대규모 연회의 성공여부는 사전에 상호 면밀한 협의와 제반사항을 정확히 기입하고 관계부서에 틀림없이 연락하는 데 달려 있다. 따라서 연회직원과 고객 측 담당자 사이에 업무추진용으로 사용하는 체크리스트를 준비해 두는 것도 필요하다.

(3) 예약컨트롤 북의 기입

예약신청을 접수하고 예약접수서의 기입을 완료하면 즉시 예약컨트롤 북에(연회장 알림표)에 시간, 인원, 연회명칭 등을 기입한다. 연회가 결정되지 않았는데도 예약컨트롤 북에 기입하는 경우가 있다. 이를 가예약이라고 하는데 다음의 경우에는 고객의 편의를 도모하기 위하여 가예약이 이루어진다.

첫째, 고객이 연회의 개최를 완전히 결정하지 못하고 아직 협의단계에 있지만 그러나 그대로 놓아두면 연회장이 겹치게 될 때, 둘째, 연회일시는 결정되어 있으나 견적을 뽑고 있거나 다른 연회장과 비교를 하고 있는 경우, 셋째, 고객의 희망일시에는 연회장을 확보할 수 없으나 다른 날이면 연회장을 제공할 수 있는 경우 그런데, 그 다른 날도 그대로 놓아두면 곧 겹치게 될 우려가 있을 때 등이다.

이러한 가계약의 경우 컨트롤 북에는 가예약이라는 것, 언제까지는 가부간의 확답이 있을 것이라는 것과 상대방의 성명 및 연락처를 정확하게 기입해둔다. 가예약의 기간은 보통 2~3일이며 그 기간이 경과하였는데도 아무런 연락이 없는 경우에는 자동적으로 효력이 상실되나 사전에 호텔 측에서 고객에게 연락을 취하는 것이 친절한 서비스 자세이다.

3) 예약확인서의 작성

예약접수를 완료하면 예약의 확인서를 작성하고 이를 고객에게 보내는데 확인서의 내용은 예약 접수서에 기입되어 있는 사항 가운데서 집회명, 기일, 시간, 사용하는 연회장 명칭, 인원수, 기타 사항을 옮겨 적는다. 호텔에 따라서는 더 자세하게 기입한 확인서를 작성하여 연회지배인이 서명하고, 고객에게 증명의 서명을 요구하는 방식을 취하고 있는 곳도 있다.

4) 견적서(Quotation) 작성

대규모의 연회, 회의, 전시회 등의 행사의 경우 고객이 예산을 짜기 위하여 또는 한정된 예산범위 내에서 연회를 열기 위하여 견적을 요구해 오는 경우가 있다. 최근에는 이러한 연회의 견적을 각 호텔에서 취합하여 비교한 후 연회 또는 전시회를 결정하는 일이 늘어나고 있다. 연회견적은 문의 단계에서 고객으로부터 견적서를 제시하도록 하는데 유의한다.

5) 예약의 취소

연회예약이 취소되었을 때에는 즉시 예약컨트롤 북을 정정한다. 취소를 통보해 왔을 때 가능하면 취소의 이유 등에 대하여 알아두는 것이 다음의 연회 유치에 도움이 된다. 컨트롤 북의 정정 후 예약접수서에도 취소의 고무인을 누르고 취소일시, 취소를 통보해 온 고객의 성명, 취소를 접수한 담당자의 이름을 표기하며 예약접수서는 취소파일에 철하고 필요관계부서에 취소연락 통보서를 배부하며 예약의 취소를 알린다. 호텔 사이에서 연회유치 경쟁이 치열해지고 있으므로 가능한 한 취소가 된 이유를 정확하게 파악해두고 취소가 되었다고 해서 방치해 두는 것이 아니라 다음 기회의 연회를 획득할 수 있도록 계속적인 판촉노력을 펴나가야 한다.

예산(견적)서

단체명: 일사일시:

구분	항목	단가	수량	금액	비고
식 음 료	한·양·중·일 정식				
	뷔페				
	칵테일				
	와인				
	샴페인				
	맥주				
	음료수				
	아이스 카빙				
소계 ①					
10% 봉사료 ②					
10% 세금 ③					
식음료 합계 ④					
기 타	대여료				
	롤케이지 요금				
	꽃장식				
	사진				
	비디오				
	음악연주가				
	배너				
소계 ⑤					
10% 세금 ⑥					
기타 합계 ⑦					
총계 ⑧					

상기 내용으로 견적을 드립니다.

20××년   월   일

연회견적 담당:

▲ 연회 견적서의 샘플

Banquet Reservation Sheet/Sgreement

Name of Otganization : ①

Conact peaon : ②   Tel : ③

☐ Defnite : ④   ☐ Tentative ⑤

Depceit : ⑥   Payment : ⑦

Date(Day)	Time	Room	Function/Menu	Person		Price
				Guarantee	Expeted	
⑧	⑨	⑩	⑪	⑫	⑬	⑭

Bevege : ⑮

Other : ⑯

Sign Boacd & Wording : ⑰

20   .   .   ⑱

Ouest Sigratute : ⑲   Booked bt : ⑳

▲ 연회 견적서의 샘플

2. 연회예약의 접수방법

1) 예약접수방법

예약접수방법은 연회의 Flow Chart에 나타난 바와 같이 5가지로 구별된다.

① 판촉에 의한 예약접수
② 고객의 내방에 의한 예약접수
③ 전화에 의한 예약접수
④ 이메일, 팩스에 의한 예약접수
⑤ 직원의 소개에 의한 예약접수

이상과 같은 방법으로 연회가 접수되는데 Reception Clerk에 의하여 접수되는 경우에는 주로 고객의 내방에 의한 예약과 전화에 의한 예약으로 구분된다. 직원의 소개에 의한 예약도 소홀히 해서는 안 된다.

(1) 판촉에 의한 예약접수

판촉사원이 거래선에 가서 예약을 수주하는 경우이다. 판촉사원의 출타 중에 거래선에서 전화가 걸려오거나 긴급을 요하는 경우에는 Reception Clerk이 직접 거래선에 가서 예약을 접수하기도 한다.

Sales Man이 세일할 수 있도록 Sales Kit을 준비하여 주면 세일즈맨의 예약접수에 대해서와 같이 Follow up Service를 해준다. 판촉에 의한 예약접수는 연회판매촉진에서 자세히 다루기로 한다.

(2) 고객의 내방에 의한 예약접수

호텔에 직접 찾아오는 고객은 그만큼 그 호텔에 대해 잘 알고 있으며 또한 그 호텔을 이용하고자 하는 마음의 결정을 한 고객이라고 할 수 있다. 따라서 내방은 99% 그 호텔을 이용할 고객으로 볼 수 있다. 판촉에 의한 예약은 그만큼 경비와 인력이 들고 경쟁이 심한 데 비해 내방객은 훨씬 수월한 편이다. 때문에 올바른 자세와 단정한 용모, 고운 말씨로 손님을 맞이하여 풍부한 상품지식으로 고객에게 신뢰감을 주어야 한다.

고객으로부터 날짜, 시간, 인원 등을 확인하고 적절한 연회장을 소개한 후 예약상담에 들어간다. 예약절차가 끝나면 고객에게 Room Show를 시켜 확인할 수 있도록 한다.

예약전표를(예약접수) 기록하고 고객으로부터 예약금을 받아서 행사에 차질이 없도록 하고 Control Chart에 기록하도록 한다.

(3) 전화에 의한 예약접수

예약접수방법 중 가장 신중을 기해야 하는 것이 전화접수이다. 고객과 직접 대면하고 있지 않기 때문에 혹 소홀히 할 우려가 있으며, 또한 고객은 예약담당자의 말만으로 음식, 장소, 행사 전반에 걸친 안내를 받아야 한다. 때문에 충분한 상품지식과 예의바른 전화응대법으로 고객을 설득하여 행사를 유치하도록 해야 한다.

🌿 전화예약 시 유의사항

① 일시, 예상인원, 행사형식 등을 알아보고 장소 사용여부를 확인한다.
② 장소, 행사규모에 따른 예상되는 예산을 말한다.
③ 자세한 사항을 요구할 때는 판촉사원을 파견하거나 예약사무실로 내방하여 줄 것을 정중히 권한다.
④ 상기의 통화내용(시간, 장소, 일자, 요일, 인원)을 고객에게 주지시켜 확인한 후 예약담당자의 직책, 성명, 전화번호 등을 알려준다.
⑤ 예약업무담당자는 항시 자신의 이름이나 직책이 많이 알려지도록 노력하며, 고객이 전화만 하면 많은 도움을 받을 수 있게 된다는 인식을 갖게 하도록 노력한다.

> ### 전화예약접수 시 꼭 지켜야 될 사항
>
> ① 전화벨은 3번 울리기 전에 받는다.
> ② 표정은 미소를 머금고 목소리는 밝고 부드럽게 한다.
> ③ 통화 시 홀딩(Holding)은 가능하지 않고 대화를 이어 나간다.
> ④ 상품지식을 숙지하여 행사전문가로서 신뢰가 가게 한다.
> ⑤ 전문용어(특히 외국어)는 가급적 쓰지 않는다.
> ⑥ 고객의 사소한 질문에도 친절히 대답해 준다.
> ⑦ 전화는 절대 먼저 끊지 않는다.
> ⑧ 상품가격은 봉사료와 세금이 포함된 가격으로 알려준다.
> ⑨ 행사 문의전화에 대한 사항은 판촉부에 통보하여 방문토록 한다.

(4) FAX, 이메일에 의한 예약접수

FAX, 이메일에 의한 예약접수는 예약의 가부를 정확히 고객에게 통보해 주어야 한다. 고객에게 메뉴, 도면, 견적서 등을 동봉해 주어서 고객이 서류만으로도 행사를 결정할 수 있도록 자세한 자료를 보내 주어야 하며, 또한 예약을 접수하는 과정에서 차후 행사 시에 문제가 발생하지 않도록 정확한 예약이 되도록 한다. 특히 이메일 계정을 매시간 체크하여 신속하게 업무가 진행될 수 있도록 한다.

(5) 직원의 소개에 의한 예약접수

전 사원을 판촉사원화 함으로써 사원들의 세일즈의식도 고취시키고, 호텔매출액도 높이는 차원에서 각 호텔에서는 여러 가지 방법으로 전 사원 판촉캠페인을 실시하고 있다. 이것은 사원들의 지연, 혈연 등을 통해서 연결될 수 있는 연회행사를 유치하는 데 그 취지가 있다. 따라서 매 분기별로 실적을 집계해서 시상이 이루어지도록 해야 한다.

2) 예약접수 시 유의사항

연회행사 예약은 구체적으로 받아야 하기 때문에 다음과 같이 6하원칙(5W1H)에 의거하여 정확하게 접수한다.

① WHO : 행사 주최자, 예약자, 전화번호, 주소, 참석자(특히 VIP)

② WHEN : 예약일자, 행사일자, 시간, 끝나는 시간

③ WHERE : 행사장명(연회장명), 출장연일 경우에는 장소와 위치를 구체적으로 확인한다.

④ WHAT : 행사내용(가장 중요), 행사의 성격 및 내용을 정확히 파악해서 차질이 없도록 한다.

⑤ WHY : WHAT과 동일

⑥ HOW : 지불조건(현금지불, 회사지불, 카드지불), 악성 거래처 및 거래중지 업체를 체크한다.

① Data and Time

② Organization and Organizer and Telephone No.

③ No. of person

④ Price of per cover

⑤ Venue

⑥ Decoration

⑦ Food and Beverage Menu

⑧ Table Plan and Seating Arrangement

⑨ Payment

⑩ Others

3. 장소예약 및 예약전표 작성

1) 연회장 예약(Control Chart Booking)

어떤 연회를 어느 장소에 예약해야 하느냐 하는 것은 효율적인 연회장 관리와 함께 연회예약을 담당하는 담당자로서 매출을 증대시킬 수 있는 수단이 된다. 따라서 Reception Clerk은 연회장의 수용능력과 연회장 구조에 맞는 행사를 제공해야 한다. 또한 행사 시 옆방에 VIP행사가 있는가, 회의가 있는 행사인가, 가족모임인가 등을 고려해서 접수해야 한다.

2) 장소(연회장) 예약 시 유의사항

① 행사내용, 성격 등을 판단해서 예약을 한다.
② 연회장 수용능력을 항상 숙지하여 행사인원과 내용에 가장 적합한 연회장을 예약한다.
③ 연회장 옆 다른 연회장의 행사와 서로 방해되지 않는 행사를 예약하도록 한다.
④ 동일한 연회장에서 동일 날짜의 행사종료시간을 고려해서 예약 받도록 한다.
⑤ Control Chart Booking은 반드시 연필로만 한다(정정, 변경, 취소 등을 고려).
⑥ Control Chart에 예약사항을 기록할 때에는 반드시 예약전표(Banquet & Convention Reservation Sheet)에 의한다.

3) 연회예약전표의 작성

고객과 상담할 때는 반드시 예약전표를 작성해 가며 상담에 응하는 습관을 가져야 한다. 또한 예약전표에 의하여 Quotation(견적서)을 뽑아서 고객에게 준다. 메모지에 메모하면서 예약을 받는 것은 좋은 이미지를 주지 못하므로 주의해야 한다.

예약전표는 연회장 Control Chart를 정리하는 기본이 되고 행사내용을 파악하는 자료가 되며, 예상매출액을 계산하는 기초자료도 되기 때문에 정확히 작성해야 한다. 예약전표는 1조 2매로 되어 있으며, 작성 후에 원본은 Reservation Clerk에 제출하며 사본은 예약한 Sales Man 또는 고객이 보관토록 한다.

Reservation Clerk은 당월분의 예약전표는 해당 일자 보관함에 넣고 두고 익월분은 별도의 파일에 보관토록 한다.

제**3**장

호텔연회서비스

제3장 │ 호텔연회서비스

제1절 연회서비스의 의의

1. 연회서비스의 개념

연회서비스는 연회예약에서 넘겨준 연회행사지시서의 내용을 현장에서 집행하는 부서이다.

연회서비스는 일반 레스토랑과는 달리 고객의 요구사항에 따라 사전에 테이블세팅 등을 통하여 고객이 식사 또는 회의를 할 수 있도록 연회장을 꾸며야 하고, 고객이 참석하면 식사 등의 서비스를 해야 하며, 행사가 끝나면 다시 연회장을 깨끗이 치워야 하는 등 한 번의 고객 서비스를 위하여 많은 시간과 노력이 필요한 부서이다.

또한 연회서비스의 직원은 연회장에서 모든 종류의 식사가 가능하다는 점에서 한·중·일 양식의 테이블 세팅 및 서비스가 가능해야 하고, 연회장의 기물 및 장비는 물론 회의에 필요한 각종 기자재를 다룰 줄도 알아야 한다. 이와 같이 연회장 직원은 무에서 유를 창조하고, 식음료를 비롯한 토털 서비스를 수행하는 전문가로서 연회서비스 지배인을 중심으로 일사불란한 팀워크를 구축하여 행사준비에서부터 마무리까지 완벽을 기해야 한다.

일본의 경우에는 행사의 연출에만 호텔직원이 담당을 하고, 연회의 서비스는 거의 아르바이트를 고용하고 있다. 우리나라도 현재 연회행사 시 아르바이트를 고용함으로써 고객으로부터 불평을 사고 있는 경우도 종종 발생한다. 이로써 서비스의 질 저하가 우려되고 있어 회사 및 정부 관계부처의 종합적인 전문 아르바이트의 고용정책도 요구되고 있는 실정이다.

2. 연회서비스의 직무

1) 연회서비스 지배인

연회지배인이 연회업무를 잘 수행하기 위해서는 식음료 지식, 각 부서와의 유기적인 관계 정립, 통솔력과 지도력, 투철한 고객환대정신 등이 절실히 요구된다. 주요 직무는 다음과 같다.

① 연회장의 고객서비스를 책임진다.
② 연회예약 및 연회판촉과 유기적으로 연락 및 회의를 하여 행사준비 및 진행에 차질에 없도록 한다.
③ 연회행사 지시서를 토대로 주간, 월간 준비계획을 수립하고 직원들의 근무 스케줄 작성 및 업무분장을 한다. 스케줄을 짤 때에는 가능한 한 휴무일이 몰리지 않도록 한다.
④ 연회장의 캡틴, 웨이터/웨이트리스, 실습생 등의 부하직원을 관리 감독하고 교육 훈련을 시킨다.
⑤ 고객을 영접 및 환송하고 불편사항을 처리한다.
⑥ 주방과 연회장 직원 사이에 업무협조가 잘되도록 조정역할을 한다.
⑦ 청소, 수선 등 관련부서와의 업무협조가 잘 되도록 조정역할을 한다.
⑧ 연회장을 유지·관리한다.

2) 연회장 캡틴

연회행사에 따른 서비스계획에 의거 식탁배열과 테이블 세팅 및 연회고객서비스와 행사 후 행사대금 계산에 책임을 지며 개별 연회장의 실제적인 서비스 업무를 수행한다. 주요업무는 다음과 같다.

① 연회서비스지배인을 보좌하고 부하직원을 지휘한다.
② 연회행사 지시서를 토대로 행사준비 및 서비스에 만전을 기한다.
③ 연회서비스를 주도적으로 담당한다.
④ 행사 후 고객의 계산을 처리한다.
⑤ 행사 후 뒤처리와 사후 행사 스케줄에 따라 행사장을 준비한다.
⑥ 일일 매출과 업무일지를 작성한다. 업무일지는 당일 영업상황과 특이사항을 기록하여 부서장에게 문서로 보고하는 것이다.

3) 연회장 웨이터/웨이트리스

접객조장을 도와 테이블 배열 및 세팅을 하며 접객조장이 지정해 준 테이블에서 직접 고객서비스를 담당한다. 주요 직무는 다음과 같다.

① 지배인이나 캡틴의 지시에 의하여 행사장 준비를 한다.
② 연회행사 지시서에 의하여 테이블 배치 및 세팅 등을 한다.
③ 고객에게 식음료 서비스를 한다.
④ 글라스, 도기류, 은기류 등을 닦고 정리정돈 한다.
⑤ 연회 기물 및 비품 등의 파손에 대해서는 보고를 하고 적절하게 대처한다.
⑥ 연회장의 테이블 및 의자 등의 기물을 정리정돈 한다.
⑦ 테이블클로스 등의 리넨을 비롯한 물품을 수급한다.
⑧ 음료를 적정재고만큼 신청하여 보충한다.

제2절 연회테이블 배치 및 좌석배치

연회행사에서 의자 및 테이블의 배열은 장소와 분위기에 알맞게 해야 하며, 특히 연회장의 공간을 최대한 활용하여야 한다. 서비스 담당자는 연회의 성격에 따라서 의자와 테이블의 배치가 달라지므로 어떻게 하는 것이 가장 적합하며 효율적인가를 판단하여야 한다.

1. 연회테이블 배치

1) 세미나·포럼 스타일

(1) 극장식 배치(Theater Style)

위치가 극장식으로 배열될 경우 의자와 의자 사이를 공간이라 부르며, 의자의 앞줄과 뒷줄 사이를 간격이라 한다. 연설자의 테이블 위치가 정해지면 의자의 첫 번째 줄은 앞에서 2m 정도의 간격을 유지하고, 400명 이상의 홀 좌석 배치는 통로 복도가 1.5m

넓이의 간격을 유지하도록 하며, 소연회일 경우는 복도 폭이 1.5m가 되도록 하나, 의자의 배치를 똑바로 하기 위해서는 긴 줄을 이용하여 가로, 세로를 잘 맞춘다.

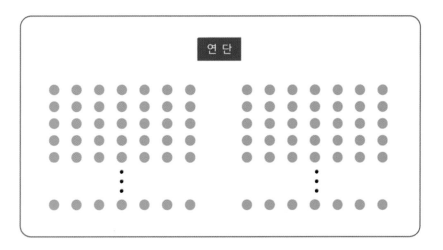

▲ 비스타 워커힐 연회

(2) 강당식 반원형 배치

무대의 테이블은 일반 배열과 동일하나 의자를 배열하는 데 있어서는 무대에서 최소 3.5m 간격으로 배열하고, 중앙 복도는 1.9m 간격을 유지하여 놓고 의자를 양쪽에 한 개씩 놓아서 간격을 조절하여야 한다. 이러한 의자 배열은 큰 공간을 차지하기에 많은 인원을 수용하는 데 어려움이 따른다.

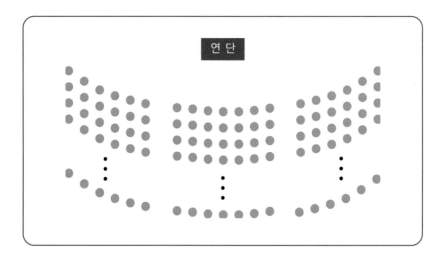

(3) 강당식 굴절형 배치

강당식 반월형 배치와 같으나 옆면을 굴절시킨다. 맨 앞 가운데 테이블은 나란히 배열하여 홀 내의 의자 8~9개로 배열하며, 양측 복도는 1.2m 간격을 유지토록 한다.

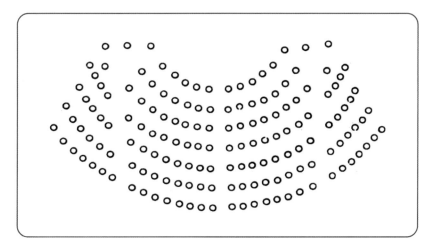

(4) 강당식 V형배치

첫 번째 2개의 의자는 무대 테이블이 가장자리에서 3.5m 간격을 유지하여 의자를 일직선으로 배열하고 앞 의자는 30° 각도로 배열하여야 한다. V자형의 강당식 회의 진행은 극히 드문 편이나, 주최 측의 요청에 따라 배열한다.

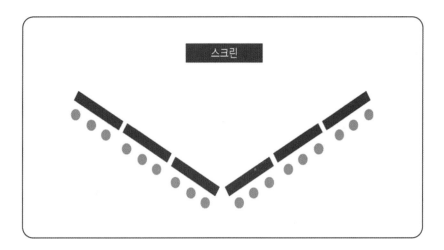

2) 원형 테이블(Round Table Shape)

많은 인원을 수용하여 식사와 함께 제공하는 디너쇼나 패션쇼 등의 테이블을 배치할 때 많이 쓰이며, 테이블과 테이블 간격은 3.3m 정도, 의자와 의자 사이의 간격은 90cm 정도로 하고, 양쪽 통로는 60cm 공간을 유지하도록 한다. 테이블은 무대를 중심으로 중앙 부분을 고정한 뒤 앞줄부터 맞추면서 배열하면 되나 뒷줄은 앞줄의 중앙 부분이 보이도록 지그재그 식으로 맞춘다. 원형 테이블은 2~14인용까지 있다.

▲ JW메리어트 연회

3) Buffet 및 Cocktail Reception Table 배열

- 타원형(Circular)
- 목걸이형(Necklace)
- 양머리 형(Lamb's Head)
- 들소뿔 형(BIson's Horns)
- 멍에 형(Yoke)
- 심장형(Heart)

상기와 같은 형식이 있으나 무엇보다도 연회장에 가장 잘 맞는 이상적인 형태를 사용하는 것이 제일 좋은 방법이다.

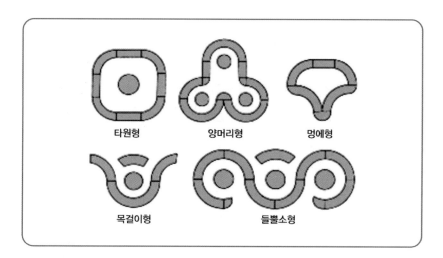

4) 기타 테이블 배열

(1) U자 배열

U형에서는 일반적으로 60″× 30″의 직사각형 테이블을 사용하는데, 테이블 전체 길이는 연회행사 인원수에 따라 다르며, 일반적으로 의자와 의자 사이에는 50~60cm의 공간을 유지하며 식사의 성격에 따라서 더 넓은 공간을 필요로 할 경우도 있다. 테이블클로스는 양쪽이 균형 있게 내려와야 하며, 헤드 테이블 앞쪽에는 테이블스커트를 쳐서 다리가 보이지 않게 하여야 한다.

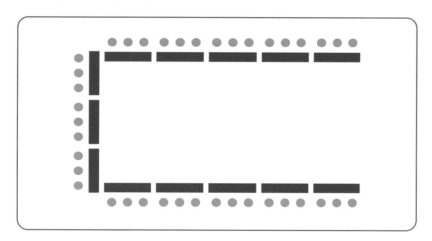

▲ JW메리어트 연회

(2) E형 배열

U형과 똑같은 배열방법을 취하나, E형은 많은 인원이 식사를 할 때 이용되며 테이블 안쪽의 의자와 뒷면 의자의 사이는 다니기에 편리하도록 120cm 정도의 간격을 유지하여야 한다.

(3) T형 배열

이 형은 많은 손님이 Head Table에 앉을 때 유용하다. Head Table을 중심으로 T형으로 길게 배열할 수 있으며 상황에 따라서 테이블의 폭을 2배로 늘릴 수 있다. T형 배치도 V형 배치와 마찬가지로 Head Table 앞부분에 테이블 스커트를 쳐서 다리를 가리도록 한다.

(4) I형 배열

예상되는 참석자 수에 따라 테이블을 배열하며, 60″×30″, 72″×30″ 테이블을 2개 붙여서 배치하는데 의자와 의자의 간격은 60cm의 공간을 유지하도록 하며 특히 고객의 다리가 테이블 다리에 걸리지 않게 유의한다.

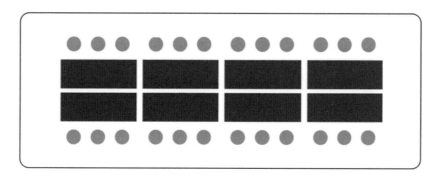

(5) Oval형 배열

I형 테이블 모형과 비슷하게 배열하나, Oval형은 양쪽에 Half Round를 붙여 사용한다.

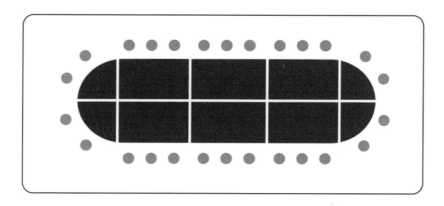

(6) 공백 사각형 배열

U형 테이블 모형과 비슷하게 배열하나 테이블 사각이 밀폐되기 때문에 좌석은 외부 쪽에만 배열하여야 한다.

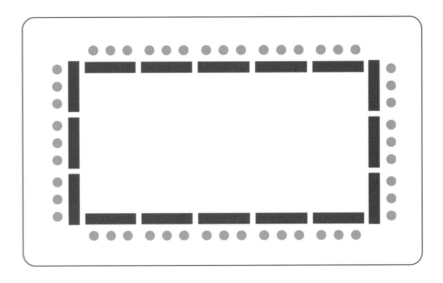

(7) 공백식 타원형 배열

이 테이블은 Horse Shoe형과 같게 배치하며, 끝부분만 2개의 Serpentine으로 덧붙여 양쪽을 밀폐시킨다.

제3절 연회메뉴

호텔연회장에서 제공되는 메뉴는 연회의 꽃이라 할 만큼 중요하다. 호텔연회장을 찾는 고객은 음식의 맛과 정성은 기본이라고 생각하는 것이 가장 일반적인 생각이기 때문에, 연회의 성격에 적합한 메뉴를 추천하고 준비하는 것이 가장 바람직하다. 또한 정성껏 준비된 음식을 정확한 시간에 제공하는 스킬과 적합한 인력에 의해 서빙하는 인력운영이 필요하다.

1. 메뉴

1) 메뉴의 개념

메뉴의 어원은 라틴어의 'Minûtûs'와 영어의 'Minute'에서 온 말로 '작다(Small)' 또는 '작은 목록'의 뜻과 '상세히 기록하다' 또는 '아주 작은 표'의 의미를 가지고 있다. 웹스터 사전(Webster's Dictionary)에 의하면 'A detailed list of the foods served at a mael', 옥스퍼드사전(Oxford Dictionary)에서는 'A detailed list of the dishes to be served at banquet of meal'로 설명하고 있다. 즉, 식사로 제공되는 요리를 상세히 설명하는 표를 말하는 것이며, 메뉴는 제공되어지는 음식의 목차인 것이다. 19세기 초 프랑스 파리의 Palais-Royal이라는 식단에서부터 현대적인 메뉴가 일반화되어 사용한 것이 오늘날까지 이르고 있다고 한다. 본래는 주방에서 요리의 재료를 조리하는 방법을 설명하는 것이라고 하였으며, 이것이 최초로 식탁에 선보인 것은 1498년 프랑스의 어느 귀족의 착안이라는 설이 있다. 하지만 1541년 프랑스의 앙리 8세 때 부랑위그 공작이 주최한 연회석상에서 요리에 관한 내용, 순서 등을 메모하여 자기 식탁 위에 놓고 증기는 것을 보고 초대되어온 손님들의 눈에 들어 손님이 무엇이냐고 묻자 "이것은 정찬의 요리표입니다"라고 대답한 것이 메뉴의 유래가 되었다고 한다. 그 당시 귀족들 간의 연회에 유행하여 차츰 유럽 각국에 전파되어 정찬, 즉 정식식사의 메뉴로서 사용하게 되어 온 것이 오늘날에 이르고 있다.

메뉴는 우리말로 '차림표' 또는 '식단'이라고 부르며 프랑스의 'Carte' 영미의 'Bill of Fare', 스페인의 'Minuta', 일본의 '곤다데효', 중국의 '차이단즈', 독일에서는 '슈페이제카르테' 등으로 불리나, 메뉴(menu)란 말은 세계 공통어로 통용되고 있는 것이 사실이다. 이렇듯 메뉴는 고객에게 식사로 제공되는 요리의 품목, 명칭, 순서, 형태 등을 체계적으로 알기 쉽게 설명해 놓은 상세한 목표로 차림표, 또는 식단표로 정의할 수 있다. 식당에서의 메뉴의 목적은 식당을 찾는 손님을 위해 음식과 음료를 정형화하여 제공함으로써 손님에게는 메뉴의 선택권을 부여하는 즐거움을 주고 운영자에게는 지속적인 고객을 창출하기 위함이라고 할 수 있다. 호텔연회에서 메뉴의 목적은 주최자가 그날 연회에 참석하는 하객을 위해 내놓는 식단으로 연회주최자와 하객에게 즐거움을 주는 음식이라고 할 수 있다.

우리나라에서의 서양요리 보급과 현대식 메뉴판 등장

우리나라에 서양요리가 보급되기 시작한 것은 19세기 말쯤으로 보인다. 한국에서의 서양요리가 선보였던 시기는 고종 19년(1882)에 한·미 수호조약이 체결된 후 미국의 전권대사가 서울에 주재되면서 보급되었고, 일반인에게 소개된 계기로는 고종 20년(1883)에 주미전권대사인 민영익의 수행원 유길준의 「서유견문」에 의해서다. 「서유견문」에서는 서양의 문화와 함께 요리가 소개되었다. 그리고 현대식 메뉴판이 등장하게 된 것은 러시아공사 웨베르의 처형인 손탁이 1897년 손탁호텔을 경영하면서부터라고 보고 있다.

2) 연회메뉴의 개념

일반적으로 연회를 "축하나 위로 및 석별 등의 뜻을 위하여 여러 사람이 모여 주식을 베풀고 가창무도 등을 하는 일"로 정의한다면, 연회메뉴는 본 연회에 제공되는 메뉴를 말하는 것으로 받아들일 수 있다. 또한 연회메뉴에 대한 개념은 제1~2장에서 연회에 대한 정의에 의하여 정리될 수 있다. 즉, 호텔연회가 "고객의 장소 예약에서부터 행사에 대한 연회계약에 의해 체결이 이루어지면 메뉴가 결정되고 인원에 따라 구매량을 산출해 식재료를 구매하고 식탁과 의자도 행사성격에 알맞게 배치하는 등 다양한 행사를 수행하는 영업행위의 일종이다"라고 정의를 내린다면, 연회메뉴는 연회가 이루어지기 전 고객의 예약과 계약의 체결에 의하여 메뉴가 결정됨을 알 수 있다. 또한 이는 행사의 성격과 인원, 규모에 따라 메뉴의 종류와 질, 순서가 결정됨을 알 수 있다. 이와 같은 개념을 가지고 정의를 내린다면 연회란 "연회를 준비하는 고객에 의하여, 고객이 원하는 요리를 사전에 정하고. 연회에 제공되는 요리의 차림표로 고객에게 즐거움을 주어야 한다"고 할 수 있다.

2. 연회메뉴의 종류

호텔연회장에 제공되는 메뉴는 요리에 따라 정찬(식) 메뉴(Dinner Set Menu), 뷔페 메뉴 (Buffet Menu), 칵테일파티 메뉴(Cocktail Menu)로 구분되고, 제공되는 시간에 따라 크게 조찬 (Breakfast), 오찬(Luncheon), 디너(Dinner)로 구분된다. 좀 더 자세히 살펴보기로 하겠다.

1) 정찬식 메뉴

(1) 한식메뉴

호텔의 한정식코스는 전통의 한상차림으로 인해서 발생하는 음식의 남용을 억제하는 차림법으로 찬 음식은 차게, 뜨거운 음식은 뜨겁게 바로 대접할 수 있도록 한국음식의 세계화를 위해 우리음식을 서양음식과 같은 코스상차림으로 바꾸어 놓은 것이다.

이러한 한정식 코스 상차림은 대체로 입맛 돋우는 음식 → 채소음식 → 어패류나 육류가 주된 음식 → 주식 및 국물음식과 기본 반찬 → 후식과 음료의 순서로 서비스하여 질리지 않고 음식의 맛을 즐길 수 있는 메뉴들로 구성되어 있다. 가격과 질에 따라 요리가 5코스, 7코스로 제공된다. 한국식 요리는 우리가 생각보다 복잡하고 서빙하기가 어렵다. 또한 한정식 연회가 자주 일어나는 것이 아니기 때문에 호텔에서는 많은 기물을 구입하여 보관하려 들지 않고 있으며, 특히 한식전문 조리사가 없는 관계로 한정식을 기피하는 경향이 있다. 하지만 외빈들을 초대하는 행사에는 한국의 음식으로 연회를 갖고자 하는 경향이 늘어나고 있는 추세이다.

	메뉴 A	메뉴 B
'5' 코스 요리	타락죽	말쌈
	양송이 피망볶음	해물겨자생채
	콩 부침	닭 양념구이
	오색불고기	생감자 부침
	대합구이	섭산적
기본 찬과 밥 또는 면	배추김치, 밥, 미역, 홍합국	만둣국, 부추깍두기
후식	식혜, 송편	수정과, 삼색경단

	메뉴 1	메뉴 2
7 코스 요리	무말이 강회 삼계선 수삼채 머위대나물 전복찜 갈비구이 버섯산적	야채진미죽 쇠고기 채소말이 겨자채 느타리버섯나물 대하찜 떡갈비굴이 섭산삼
기본 찬과 밥 또는 면	삼색나물, 오이소박이, 밥, 시금치된장국	편수, 명란젓, 보쌈김치
후식	유자차 삼색경단	오미자화채, 약과

▲ 한식코스의 예시

▲ 반상차림

▲ 쉐라톤 워커힐 호텔의 온달 한식당 궁중 상차림

(2) 양식메뉴

정찬연회는 어느 나라를 막론하고 프랑스 요리로서 거행하는 것이 일반적인 관례로 되어 있다. 이는 유럽의 왕조시대부터 유래되었는데 그 당시 어느 궁중에서든 초청된 요리장은 프랑스 사람이 있었으므로 자연히 프랑스요리는 정식연회의 대명사처럼 되었다. 이러한 전통은 확고해져서 오늘날 세계적으로 메뉴를 프랑스어로 표기하는 경향이 많은 것은 프랑스 요리가 오늘날까지도 세계적인 요리로 명성을 떨치고 있기 때문이다. 실질적으로 우리나라의 특급호텔 연회장에서 가장 많이 제공되는 정찬의 메뉴는 양식코스임은 자타가 다 인정하는 사실이다. 현재 국내 특급호텔에서 주로 제공되는 양식의 코스는 5코스, 7코스, 9코스로 이루어져 있다. 그 외에 추가되는 코스에 따라 그 수는 증가하게 된다.

5 Course	전채 → 수프 → 주요리 → 후식 → 음료
7 Course	전채 → 수프 → 생선 → 주요리 → 샐러드 → 후식 → 음료
9 Course	전채 → 수프 → 생선 → 샤벳 → 주요리 → 샐러드 → 후식 → 음료 → 식후 생과자

① 애피타이저(Appetizer)

식사 전에 먹는 가벼운 요리의 총칭으로 프랑스어로는 오르되브르(Hors D'oeuvre), 우리말로 전요리(前菜)라고 불린다. 그 특징으로는 짠맛 또는 신맛이 있어 위액의 분비를 돕고 식욕을 촉진시키는 역할을 하며 분량이 작아 한입에 먹을 수 있으며, 계절감이나 지방색이 풍부한 재료를 주로 사용한다. 세계 4대 애피타이저로는 거위 간(foie gras), 캐비아(Caviar), 달팽이(Escargot), 송로버섯(Truffle)을 들 수 있다.

▲ 거위 간(foiegras)

② 수프(Soup)

입안을 촉촉하게 적셔주고 위장을 달래주어 식욕을 촉진시켜 주는 역할을 하며 에피타이저가 제공되지 않을 때는 첫 번째 음식에 해당되기도 한다. 수프의 종류에는 맑은 수프와 걸죽한 수프로 크게 구분된다.

주요 각국의 대표수프로는 야채와 크림을 넣어서 만든 이탈리아의 미네스테론수프(Minesterone Soup)과 양파크림수프인 프랑스의 어니언수프(Onion Soup), 조갯살과 해산물을 넣어서 만드는 미국의 크램차우더수프(Clam Chowder Soup)이 대표적이라 할 수 있다.

▲ 콘 크림 수프   ▲ 크램차우더 수프

- 맑은 수프에는 스톡에 쇠고기와 야채를 넣어 끓인 다음 기름을 걸러낸 맑은 국물상태의 콘소메(Consomme)가 대표적이다.
- 걸죽한 수프에는 스톡에 밀가루를 버터로 볶아 우유를 넣어 만든 크림수프(Cream Soup)와 야채수프로서 야채를 익혀서 걸러낸 퓌레(Puree)가 대표적이다.

③ 생선요리(Fish)

수프 다음으로 제공되는 요리로 지방이 적고 단백질이 풍부하여 여성들이나 종교인들이 육류를 대신하여 메인 요리로 즐겨 선택하기도 한다.

▲ 생선요리

구분	종류
바다생선	대구, 청어, 도미, 농어, 참치, 혀가자미, 넙치 등
민물고기	송어, 연어, 은어 등
갑각류	왕새우, 새우, 바닷가재, 대게 등
패류	전복, 홍합, 가리비, 대합, 굴 등
연체류	오징어, 문어 등

④ 메인요리(Main dish)

일반적으로 소고기로 만든 스테이크를 말하는데 Steak란 지방 및 힘줄 등 못 먹는 부위를 정리하여 두터운 살코기를 구운 음식을 일컫는다. 비프스테이크(Beef Steak)의 종류에는 안심부위로 만든 안심스테이크와 등심부위로 만든 등심스테이크, 갈비등심 부위(Rib)의 T-born 스테이크가 대표적이다. 그 외에도 돼지의 등갈비로 만든 백립 스테이크(Back rib steak), 양고기로 만든 램 찹(Lamb chop steak), 가금류 등이 있다.

▲ 바베큐 백립

▲ 샤토 브리앙 스테이크

굽기 정도	특징
레어(rare)	자르면 붉은 육즙이 흐르는 정도
미디엄(medium)	자르면 속이 붉은 상태이며 육즙은 흐르지 않는 정도
웰던(well done)	속까지 완전히 익은 상태

⑤ **샐러드**(Salad)

육류요리에 제공되는 신선한 야채의 종류로 그 부위는 과실류, 열매류, 야채류로 구분되며 주로 드레싱을 곁들어 먹는 것이 일반적이다. 산성인 육류와 함께 알칼리성 샐러드를 섭취함으로써 영양의 균형을 도모할 수 있다. 드레싱의 종류에는 thousand island, blue cheese, vinegar, french, honey mustard, pepercom, mayonnaise, lanch 등이 일반적으로 사용되며 최근에는 달콤한 과일을 주원료로 한 드레싱들이 인기가 있다.

▲ 가든 샐러드

⑥ **후식**(dessert)

식사를 마무리하는 단계에서 입안을 개운하게 해주려는 목적으로 제공되는 음식으로 디저트의 어원은 프랑스어의 'desservir'에서 유래(치우다, 정돈하다)되었다. sweety한 맛을 위주로 하기 때문에 주로 pudding, cake, jellies, cookies, fruits, ice-cream 등 단맛이 나는 음식으로 구성되며 이 외에도 치즈, 과일류 등이 제공되기도 한다.

▲ 초코케이크

차가운 디저트에는 아이스크림 셔벳이나 무스케이크, 과일 등이 제공되며, 뜨거운 디저트에는 크렙수젯, 푸딩 등이 있으며, 치즈 종류로는 치즈비스킷, 치즈 수플레 등이 제공된다.

▲ 트러플 치즈케이크

▲ 모둠 과일 디저트

⑦ **음료**(Beverage)

모든 식사가 끝나고 마지막 코스에 제공되는 차와 음료로 주로 커피 또는 차, 쥬스류를 선택할 수 있다.

▲ 망고주스

🌿 양식요리의 서브순서와 방법

① **고객입장** : 고객입장 시 정중히 인사드리고 착석하도록 도와 드린다.
② **Wine Serve** : Head Waiter의 신호에 의해서 Host Taste가 끝난 후 White Wine을 서브한다.
③ **Appetizer Serve** : 처음 동작은 Head Table과 같이 보조를 맞추어 서브한다.
④ **Bread Serve** : Bread Basket & Tray를 준비하여 고객의 왼쪽에서 서브한다.
⑤ **App-plate Pick-up** : App-plate를 고객의 왼쪽에서 뺀다.
⑥ **Soup Bowl or Cup Set-up** : 뜨겁게 데워진 Soup Bowl or Cup을 고객의 오른쪽에서 Set-up 한다.
⑦ **Soup Serve** : Soup Tureen & Ladle을 사용하여 왼쪽에서 서브한다.
⑧ **Salad Serve** : 고객의 왼쪽 공간에 서브한다.
⑨ **Soup Bowl or Cup Pick-up** : 샐러드 서브 후 Pick-up한다.
⑩ **Main dish Serve** : Main dish를 고객의 오른쪽에서 서브하며 「맛있게 드십시오」라고 인사한다.
⑪ **Main dish, Salad Bowl Pick-up** : 고객의 오른쪽에서 Tray를 이용하여 소리가 나지 않게 조용히 뺀다.
⑫ **Dessert Serve** : Dessert를 고객의 오른쪽에 서브한다.
⑬ **Coffee or Tea Serve** : Speech가 없을 때는 디저트 서브 후 Beverage서브를 가급적 빨리한다.

🌿 양식요리 서브 시 참고사항

① Back Side Mise-en-place 및 Table Set-up은 행사 1시간 전까지 완료한다.
② Table Set-up 및 기타 사항은 고객의 원하는 방향대로 하되, 주최 측과 협의하여 한다.
③ Normal 행사인 경우 Ice Water와 Bread 등은 사전에 준비하여도 되나, 고객 수보다 Table Set-up이 많은 경우 고객 입장 후 서브한다.
④ Back Side에서는 Dish, 각종 Sauce류, Serving Gear, Hand Towel, Service Tray, Soup Ladle, Coffee Pot, Water Pitcher 등을 충분히 준비한다.
⑤ 서브 도중 고객의 요청사항은 즉시 실시한다.
⑥ 담당지배인 및 캡틴은 사전에 행사 스케줄을 체크하고 행사준비에 만전을 기한다.

▲ 양식(Full Course) : Russian Service

서브순서와 방법

① **예행연습** : 2테이블을 1개 조로 편성하여 각 조의 서브(Serve)동선 및 서비스 예행 연습을 실시한다.

② **고객입장** : 담당구역 내 Place Card를 확인하여 고객에게 자연스럽게 착석을 권하며 도와준다.

③ **White Wine Serving** : Host Taste 後 Head Waiter 신호에 의하여 일제히 서브한다.

④ **Appetizer Serving** : Head Waiter 신호에 의하여 동시에 입장하여 서브한다.(Plate Serve). 계속하여 서브한 후 White Wine을 추가로 서브한다.

⑤ **App. Plate Pick-up** : 다 드신 후 App. plate를 Tray를 이용하여 고객의 오른쪽에서 뺀다.

⑥ **Soup Cup or Bowl Set-up** : 메뉴에 따라 따뜻하게 데워진 Soup Cup이나 Soup Bowl(Cup은 Tray사용, Bowl은 손으로)을 갖고 고객의 오른쪽에서 Set-up 한다.

⑦ **Soup Serve** : 고객의 왼쪽에서 Soup Tureen과 Ladle을 사용하여 Soup를 서브한다. 수프는 뜨거우므로 조심해서 서브한다.

⑧ **Bread Serve** : Hard Roll, Soft Roll French Bread 등 사전에 준비한 Bread를 고객의 취향에 맞게 서브하고 남은 것은 테이블 위에 놓고 나온다.

⑨ **Soup Cup or Bowl Pick-up** : Soup Cup or Bowl을 고객의 오른쪽에서 뺀다.

⑩ **Fish Plate Set-up Fish Serve** : A조는 Fish Plate를 고객 수만큼 Set-up하고 B조는 Escoffier에 담겨진 Fish를 10인분씩 서브한다.

⑪ **Fish Plate Pick-up** : 고객의 오른쪽에서 뺀다.

⑫ Sherbet Serving : 더운 물을 Dry Ice Bowl에 부어서 김을 낸 후 서브한다.

⑬ Sherbet Bowl Pick-up : 고객의 오른쪽에서 뺀다.

⑭ Red Wine Serving : Host Taste 후 Head Waiter 신호에 의하여 일제히 서브한다.

⑮ Main Plate Set-up and Main Dish Serving : A조는 Main Plate를 고객 수만큼 Set-up하고 B조는 Escoffier에 담겨진 Steak를 왼쪽에서 서빙한다.

⑯ Salad and Salad Dressing Serving : A조는 고객의 왼쪽에서 샐러드를 서빙하고 B조는 고객의 왼쪽에서 샐러드드레싱을 서브한다.

⑰ Main Plate, Salad Bowl, B/B Plate, Better Bowl Pick-up : '맛있게 드셨습니까?' 라고 여쭙고 고객의 오른쪽에서 조용히 뺀다. 이때 기물소리가 너무 시끄럽지 않도록 주의한다. Water Goblet과 Wine Glass를 제외한 모든 기물을 전부 뺀다.

⑱ Table Cleaning : Crumb Sweeper를 사용하여 테이블 위의 빵가루, 기타 오물 등을 청소한다.

⑲ Dessert Serving : 고개의 오른편에서 서브한다.

⑳ Champagne Serving : 샴페인은 Host의 Tasting을 하지 않으면 Twist도 하지 않으므로 H/W의 신호에 의하여 동시에 서브한다.

㉑ Speech Time : Host의 Speech가 시작되면 H/W, Captain을 제외한 전 직원은 조용히 Back Side에서 대기한다.

㉒ Coffee of Tea Cup Set-up and Serving : A조는 따뜻한 커피 컵을 고객 수만큼 Set-up하고 B조는 Coffee Pot를 사용하여 Coffee of Tea를 서브한다.

㉓ 대기 : H/W, Captain 및 일부 직원을 제외하고는 Back Side에서 정리 정돈한다.

㉔ 환송 : 전 직원이 입구에 도열하여 고객에게 감사함을 표시한다.

🌿 양식 Full Course 서브 시 참고사항

① Back Side 준비 및 진행사항은 Normal Party 준비와 동일하다.
② Table Set-up 시 Ashtray, Toothpick은 Set-up하지 않고 Main Dish Pick-up 후 Passing 한다.
③ 소규모 연회, VIP행사인 경우 Double Underline을 사용한다.
④ 특히 VIP행사 시는 Side Table을 활용하여 신속한 서비스를 할 수 있도록 한다.

▲ 테이블 세팅

(3) 일식 메뉴

호텔연회에서 일식 코스요리는 거의 드물다. 왜냐하면 한정식 코스만큼이나 많은 기물과 조리사의 손길을 요구하기 때문에 매우 제한적으로 제공된다. 주로 일본인들을 상대로 하는 비즈니스 모임이나 일본인 상사가 주최가 되어 준비된 행사 등 특별한 경우에 제공된다. 특급호텔의 경우 자체 일식당을 운영하는 경우가 많아 자체인력으로 충당하기도 하지만, 규모가 큰 연회의 경우는 기물과 서빙 인력의 부족으로 기피하는 경향이 있다. 일식코스 요리는 주로 회석요리(會席料理)로 에도시대(1603~1866)부터 이용된 연회용 요리이며 일즙 3채(一汁三彩), 일즙 5채(一汁五彩), 이즙 5채(二汁五彩) 등이 있다.

주요코스의 명칭과 용어로는 다음과 같다.

① **고바치**(小鉢) - 담백하고 술안주로 할 수 있는 재료 선택, 양이 적어야 한다.
② **젠사이**(前菜 : 전채) - 식용촉진제 역할을 충분히 할 수 있고 색상이 아름다우며 3품, 5품, 7품으로 담는다. 어류, 야채, 알류, 육류 등을 다양하게 사용할 수 있다.
③ **스이모노**(吸物 : 맑은국) - 주재료, 향신료, 고명으로 분류하여 계절감을 최대한 살리고 일본 다시나 곤부 다시에 소금과 간장으로 엷게 간을 한다.
④ **오쓰쿠리**(御作り : 생선회) - 생선은 물론 소고기 곤약 등도 사용이 가능하며 다양한 생선 썰기로 모양을 낸다. 소스는 폰즈나 와사비 간장, 생강 간장 등을 사용한다.
⑤ **니모노**(煮物 : 조림요리) - 다양한 생선류와 어패류 야채 등을 사용한다.
⑥ **무시모노**(蒸物 : 찜요리) - 재료는 여러 가지를 사용할 수 있으나 불 조절에 의한 시간조절이 중요하다.
⑦ **야키모노**(燒物 : 구이요리) - 생선류를 구워 내는데 간장구이, 소금구이, 된장구이 등 다양한 방법이 있으며 불 조절과 꼬챙이 꿰는 방법, 굽는 순서가 중요하다.
⑧ **아게모노**(揚物 : 튀김요리) - 스아게, 가라아게, 고로모아게 등의 튀기는 방법이 있다. 가장 중요한 것은 온도 조절이다.
⑨ **스노모노**(酢の物 : 초회) - 식초를 가미한 소스가 많이 활용되므로 색상에 유의해야 한다.
⑩ **구다모노**(果物 : 과일) - 과일은 계절에 맞게 낸다.

▲ 회석요리

위의 회석요리(會席料理) 외에도 무로마치 시대(1338~1549)에 차를 즐기는 풍토가 유행하였는데, 차를 마실 때 간단한 식사를 곁들여 공복감을 해소시킬 정도의 음식을 제공했던 회석요리(會席料理)와 국물요리 하나에 3가지 요리, 즉 일즙 3채(一汁三彩), 일즙 5채(一汁五彩), 이즙 7채(二汁七菜) 등의 상차림으로 수성된 혼젠요리(本膳料理), 불교식의 절요리로 동물성 식재료나 어패류를 사용하지 않고 야채, 해초, 두부, 곡류 등을 사용하여 조리하였으며, 식물성 기름과 감자나 고구마 등의 전분을 많이 사용한 정진요리(精進料理)가 있다. 역사적으로 일본요리는 고대 중국으로부터 한반도를 통하여 전래되어 온 문물과 함께 그 효시가 이루어졌으며, 문화가 발달함에 따라 일본인의 기호와 지역적 특성에 맞는 색상, 향, 맛을 위주로 하면서 고유한 특성을 지닌 요리로서 발전해왔다. 이러한 일본요리는 지역별로 고유한 특성이 있어서 도쿄지방의 관동(關東)풍 요리와 오사카 지방의 관서(關西)풍 요리가 있다. 또한 일본요리는 상차림으로 구분하여 모모야마(桃山)시대에서 에도(江戸) 시대로 내려오는 본선요리와 에도시대의 대명사처럼 불렸던 회석요리, 다도를 전문적으로 하는 일가에서 내려오는 차회석요리 등의 상차림이 있다.

일본은 북동에서 남서로 길게 뻗어 있고 바다로 둘러싸여 있어서 지형과 기후의 변화와 사계절에 생산되는 재료가 다양하여 계절에 따라 맛도 달라지며 해산물이 매우 풍부한 특징을 가지고 있다. 이러한 조건 속에서 일본요리는 쌀을 주식으로, 농산물, 해산물을 부식으로 형성되었는데, 일반적으로 맛이 담백하고 색채와 모양이 아름다우며 풍미가 뛰어난 것이 특징이다.

🌿 주요 특징으로는

① 계절감을 중요시한 재료의 선택
② 기물의 선택 : 생김새, 색상, 계절
③ 메뉴는 조림, 구이, 튀김, 초회, 찜 요리 등의 다양한 조리법
④ 그릇에 담을 때에는 공간미
⑤ 생선류는 주로 생식하기 때문에 주재료의 특성을 최대한 살림
⑥ 양의 조절과 섬세함

지역별 요리의 특징을 살펴보면 다음과 같다.

① 관동(關東)요리의 특징

관동요리는 도쿄지방을 중심으로 발달한 요리로서 무가 및 사회적 지위가 높은 사람들에게 제공되기 위한 의례 요리로 맛이 진하고 달며 짠맛이 특징이다. 당시에는 설탕이 귀했는데, 설탕을 사용한 것으로 보아 그만큼 고급요리였다는 것을 보여준다. 니기리 스시 등의 생선 초밥과 튀김 민물장어 등 일품요리가 발달하였다.

② 관서(關西)요리

오사카, 교토, 나라지방 등을 중심으로 발달한 요리이다. 관서요리는 재료 자체의 맛을 살리면서 조리하는 것이 특징이다. 따라서 관서요리는 재료의 외형과 색상이 거의 유지되기 때문에 모양이 아름답다. 관서요리의 대표적인 것으로 교토요리와 오사카요리가 있는데, 교토요리는 양질의 두부, 야채, 밀기울, 말린 청어, 대구포 등을 이용한 요리가 많으며, 오사카요리는 양질의 생선, 조개류를 이용한 요리가 많다. 최근의 관서요리는 약식이 많으며 회석요리가 중심이 된 연한 맛이 특징이다.

일본요리의 기본조리법은 다음과 같은 특징이 있다.

① 오색(五色), 오미(五味), 오법(五法)을 기초로 하여 조리한다.
② **오색** : 빨간색, 청색, 검정색, 흰색, 노란색
③ **오미** : 쓴맛, 매운맛, 단맛, 짠맛, 신맛
④ **오법** : 구이, 찜, 튀김, 조림, 날것

🍃요리를 그릇에 담을 때에는 다음을 기준으로 한다.

① 기물의 선택과 무늬가 있을 때 전면이 어디인가를 구별한다.

② 한 마리의 생선일 경우에는 머리가 왼쪽, 배 쪽이 앞으로 오게 한다.

③ 몸통, 머리, 꼬리가 분류되어있는 경우에는 야마모리를 하고 부재료로 마무리한다.

④ 종류가 다양할 때는 3, 5, 7, 9 등 홀수로 담는다.

⑤ 일본요리의 기본적인 계절감을 살려서 담는다.

⑥ 고객이 먹기 편하고 아름답게 장식하여 낸다.

⑦ 곁들임 요리는 3가지 정도를 사용하는 것이 좋다.

⑧ 화려한 기물은 주요리를 어둡게 만들기 때문에 주요리를 돋보이는 기물을 사용한다.

(4) 중식메뉴

중국식 코스요리는 양식코스와 비교하여 주로 러시아식 서비스 형태로 이루어진다. 수프와 디저트, 상어지느러미, 식사류와 같은 요리를 제외하고는 모든 요리는 본디쉬(Bone Dish)와 같은 작은 접시에 러시아식으로 제공된다. 일부 연회식에서는 테이블 중앙의 턴테이블에 요리를 올려놓고 손님이 직접 순서대로 돌아가면서 음식을 본디쉬(Bone Dish)에 덜어먹기도 한다. 중국 코스요리는 냉채와 디저트를 제외하고는 뜨거운 요리로 제공된다. 또한 뜨거운 불에 많은 기름을 사용하여 음식을 조리하기 때문에 홀에서는 서브하는 시간을 잘 파악하여 신속한 서빙을 요구한다. 중국요리의 특징으로는 일본요리나 서양요리처럼 색채와 배합을 중시하지 않아서 얼핏 보기에 화려하지는 못하나 미각의 만족에 그 초점을 두고 있어서 오미(五味)[달다(甘味), 짜다(鹽味), 시다(酢味), 쓰다(苦味), 맵다(辛味)]의 배합이 조화를 이루어 백미향(百味香)이라고 했으며, 농후한 요리든 담백한 요리든 각각의 복잡한 미묘한 맛을 지니고 있다. 동식물유지(動植物油脂)를 잘 활용하여 식단에 있어서도 농·담의 배합이 잘되어 있고 식재료를 다양하게 고루 사용하고 있어 맛뿐만 아니라, 영양상으로도 재료의 특성을 살리면서 동시에 영양소의 손실을 적게 하고 있다. 요리를 담는 품도 한 그릇에 수북이 담아서 풍성한 여유를 느끼게 하고 한 그릇의 것을 나누어 먹음으로써 친숙한 분위기를 만들며 인원수에 다소의 융통이 있어 편리하다. 이렇게 풍부하고 변화 많은 중국요리는 젊은이로부터 노인에 이르기까지 좋아하는 맛, 합리적이며 간단한 조리법, 거기에다 경제적이며 영양가가 높다는 점으로 인하여 세계 각국에서 점차 대중화되어 가고 있다.

중국은 4천년의 유구한 역사와 광대한 대륙 동서남북에 따라서 상이한 기후풍토와 생산물을 가진 각 지방에 따라서 각각 특징 있는 요리가 발달되어 왔는데, 지역적으로 크게 북경요리(北京料理), 남경요리(南京料理), 광동요리(廣東料理), 사천요리(四川料理)로 분류되어 그 지역의 특유한 풍미를 자랑한다.

북경요리(北京料理) : 징차이(京菜)

① **지역** : 북경을 중심으로 타이완 섬까지를 말한다.

② **기후** : 한랭기후

③ **요리의 특징** : 북경은 오랫동안 중국의 수도로서 정치, 경제, 문화의 중심지였고 고급요리가 발달하였다. 또한 호화스러운 장식을 한 요리가 발달한 것도 하나의 특징이다.

④ **재료** : 화북 평야의 광대한 농경지에서 생산되는 농산물로서 소맥과물(果物) 등의 풍부한 각종 농산물이 주재료였는데, 정치 및 권력의 중심지로서 지역의 희귀한 재료들이 집합되어 있다.

⑤ **조리법** : 북방인 만큼 연료로 루매이라는 화력이 강한 석탄을 사용하여 짧은 시간에 조리하는 튀김요리 "짜차이"나 볶음요리 "챠오차이" 등 농후한 요리가 특히 발달되어 있다.

▲ 북경오리구이

 **남경요리(南京料理)**

① **지역** : 중국의 중심지대로서 장강에 임한 비옥한 곳으로 북경이 북부를 대표한다
면 남경은 중부를 대표하는 도시이다.

② **기후** : 온대성 기후

③ **요리의 특징** : 19세기부터 유럽 대륙의 침입으로 상하이가 중심이 되자 남경요리
는 구미풍으로 발전, 동서양 사람들의 입에 맞도록 변화, 발전되었는데 이를 상해
요리(上海料理)라 한다.

④ **재료** : 이 지방은 비교적 바다가 가깝고, 양쯔강(楊子江) 하구 난징(南京)을 중심으
로 하였기 때문에 해산물과 미곡이 풍부하여 이를 바탕으로 한 요리가 중심이 된다.

⑤ **조리법** : 간장과 설탕을 많이 써서 달고 농후한 맛을 내며, 요리의 색상이 진하고
색채가 선명하여 화려한 것이 특징이다.

▲ 고기볶음요리

▲ 백숙

광동요리(廣東料理) : 난차이(南菜)

① **지역** : 중국 남부의 광주를 중심으로 한 요리를 총칭한다.

② **기후** : 더운 열대성 기후

③ **요리의 특징** : 일찍부터 구미문화(歐美文化)에 접한 관계로 그 영향을 받아 구미풍이 섞여 국제적인 요리관이 정착하여 독특한 특성을 만들었다.

④ **재료** : 쇠고기, 서양채소, 토마토케첩 등 서양요리의 재료와 조미료 및 해산물과 생선을 바탕으로 한다.

⑤ **조리법** : 자연이 지니고 있는 맛을 살리기 위하여 살짝 익혔고 싱거우며 기름도 적게 사용한다.

⑥ **기타** : 특수한 요리로는 뱀 요리, 개 요리 등이 있다.

▲ 딤섬

🌿 사천요리(四川料理)

① **지역** : 중국의 서방 양쯔강(楊子江) 상류의 산악지방과 사천을 중심으로 윈난, 구이저우 지방의 요리를 총칭한다.

② **기후** : 여름에는 덥고, 겨울에는 추우며 낮과 밤의 기온 차가 많은 악천후의 기후

③ **요리의 특징** : 김치가 유명하며 전채로 몇 종류씩의 김치를 내는 것이 특징이다. 토지가 비옥하여 채소가 풍부하고 바다가 멀어서 저장식품인 소금, 절임생선을 많이 쓰며, 습기가 많아서 매운 고추, 마늘, 생강, 파를 사용하여 자극적인 것이 또한 특징이다.

④ **재료** : 파, 마늘, 고추, 마른 해산물 및 소금에 절인 농산물이나 해산물, 작채(作菜), 암염(소금), 두부, 지방질이 많은 고기 등이 있다.

⑤ **조리법** : 주로 자극적인 조미료를 사용하며 강한 향기와 신맛, 톡 쏘는 매운맛을 낸다. 주로 고추와 마늘을 많이 사용한다.

▲ 마파두부

▲ 어항육사

2) 뷔페메뉴

뷔페의 어원은 스웨덴의 Smorgasboard에서 비롯된 것으로 smor란 빵과 버터를, gas는 가금류 구이를, board는 판자를 각각 의미한다. 8~10세기경 스칸디나비아반도의 해적단들은 며칠씩 배를 타고 나가 도적질을 하고 나면 커다란 널빤지에 훔쳐온 술과 음식을 한꺼번에 올려놓고 식사를 하며 자축을 했다고 한다. 뷔페는 이러한 바이킹들의 식사방법에서 유래한 것으로 이 때문에 일본에서는 아직도 뷔페식당을 바이킹식당이라고 부른다.

뷔페는 정찬과 다르게 일정한 격식을 차리지 않고 간편하게 손님을 접대할 수 있는 음식이다. 초청하는 사람이나 초청받는 사람 모두 가벼운 기분으로 식사를 할 수 있으며, 자신이 직접 음식을 덜어다 먹기 때문에 자기가 선호하는 요리위주로 먹을 수 있다는 특징이 있다. 이에 최근 호텔연회에서는 가족모임이나, 송년회와 같은 가벼운 사교모임들은 대체로 뷔페식으로 제공되는 경우가 대부분이다. 뷔페는 형식에 따라 크게 착석뷔페(Sitting Buffet : 테이블에 앉아서 식사)와 입식뷔페(Standing Buffet : 선 채로 식사), 칵테일 뷔페(Cocktail Buffet : 식사보다는 음료와 안주 위주의 간단한 뷔페)로 나눌 수 있으며, 좀 세분하여 나눈다면 다음과 같다.

뷔페음식 먹는 요령

뷔페요리를 먹을 때에는 우선 뷔페 테이블 위에 있는 접시를 들고, 요리를 취향대로 담은 후 포크와 냅킨을 가지고 지정된 테이블로 간다. 일반적인 방식처럼 전채, 수프, 생선, 육류, 디저트 순으로 먹는데 음식을 덜 때에는 시계방향으로 나아가는 것이 원칙이다.

(1) 착석뷔페(Sitting Buffet : Full Buffet)

일반적으로 착석뷔페(Sitting Buffet)는 고객이 주문량을 사전에 정해 놓고 주문량만큼 만 제공하는 클로즈뷔페(Closed Buffet)가 있다. 주로 호텔연회장에서는 클로즈뷔페(Closed Buffet)가 제공되나 일부 호텔에서는 세미 오픈뷔페(Semi Open Buffet)가 제공되는 경우 가 종종 있다. 이는 일정한 개런티(Guarantee)를 설정해놓고 추가로 지급하는 형태를 취하고 있다.

착석뷔페(Sitting Buffet)는 먼저 고객이 전부 앉을 만한 테이블과 의자를 갖추어야 하고 접시와 잔(Glass Ware), 포크, 나이프, 냅킨 등을 테이블에 세팅해 놓아야 한다. 그리고 조리사들이 갖은 솜씨를 내어 장식하고 구색을 갖추어 꾸며낸 요리를 뷔페 테이블에 가지런히 진열해 놓는다. 이러한 뷔페 테이블 외에도 스페셜메뉴를 제공하는 카빙 (Carving) 요리와 일식조리사가 직접 생선초밥을 만들어 제공하는 스시(생선초밥)코너, 향긋한 디저트를 직접 조리하여 제공하는 요리 등이 메뉴의 가격과 행사의 성격에 따라 준비될 수 있기 때문에 별도의 테이블과 장식을 필요로 한다.

(2) 입식뷔페(Standing Buffet)

착석뷔페(Sitting Buffet)가 참석자를 위한 테이블과 의자를 갖추고 접시와 잔(Glass Ware), 포크, 나이프, 냅킨 등을 요구하는 반면에 입식(스탠딩)뷔페(Standing Buffet)는 서서 먹기에 편리한 음식과 기물로 구성되어져 있어야 한다. 음식의 구성은 착석뷔페 (Sitting Buffet)와 비슷하지만 초청객이 담소를 나누면서 음료와 함께 작은 접시에 덜어 서 먹을 수 있도록 그 모양과 장식이 요구된다. 음식 테이블(Food Table)의 형태에서 칵테일 리셉션(Cocktail Reception)과 비슷하나 칵테일 리셉션(Cocktail Reception)이 칵 테일을 위한 안주형태에 가까운 메뉴형태를 갖추었다면 입식뷔페(Standing Buffet)는 식사 위주의 메뉴로 구성되었다는 것이다. 최근 호텔에서는 혼용하여 쓰는 경우가 있다.

제4장

연회의 주요고객

제**4**장 | 연회의 주요고객

1. 주요 거래고객

호텔연회의 주요 고객을 찾는다는 것은 막연한 것 같지만 실질적으로 주요 이용고객이 존재하고 있으며, 이러한 주요 이용고객은 각 호텔 판촉팀의 영업대상이 되고 있다. 각 호텔마다 연회고객이 다소 차이는 있지만 A호텔의 고객이 늘 A호텔을 이용하는 것은 아니기 때문에 얼마든지 고객을 유치할 수 있으며, 그 호텔의 주요 고객이 될 수 있도록 관심과 노력을 기울일 필요가 있다. 이러한 호텔연회의 주요 고객은 행사를 주최하고 주관하는 개인이나 단체 또는 법인이다. 여기서 개인은 개인이 주최하는 행사 즉 가족모임과 관련된 연회를 말하는 것이고, 단체 또는 법인이란 법인 등이 주최가 되어 주관하는 행사로 기관이나 기업, 협회, 학회, 조합, 클럽 등을 말한다.

만약 여러분 중에 어느 한 분이 A호텔에서 연회영업을 담당하는 판촉지배인으로 발령이 되어있다면, 제일 먼저 그 호텔에서 과거에 연회행사를 실시하였던 고객 현황을 근거로 판촉활동을 재개하여야 할 것이다. 또한 다음의 표와 같은 연회고객을 대상으로 가망 고객을 찾아 영업활동을 해야 할 것이다.

호텔연회 판촉부와 거래하는 고객은 보통 연회행사를 주관하는 주최 측의 성향에 따라 분류되며 호텔마다 중요시되는 연회고객이 조금씩 차이가 있다. 예를 들면 국제회의가 자주 개최되는 호텔과 일반적인 가족모임이 많은 호텔은 호텔이 요구하는 영업대상 고객이 다르다. 또한 호텔의 규모에 따라서 연회고객을 세분화하는 것도 차이가 있다. 대체로 규모가 큰 연회장을 많이 보유한 호텔은 연회고객을 세분화하여 담당지배인별로 관리시키고 있다. 다음은 일반적인 기준에 의해 분류될 수 있는 연회고객의 거래처이다.

예상고객의 유형	예상고객의 원천
- 화합이나 대회참가자 - 각종 클럽, 협회, 회사, 조합, 학회 - 정부기관, 외국공관 - 친목단체 - 대학과 동창회 - 각종 모임 - 회사의 이사회의, 판매회의 - 회사나 연구소의 교육훈련 주최자 - 회사 창립기념 주최자 - 조찬기도회, 오찬 주최자 - 칵테일파티 주최자 - 댄스파티 주최자	- 과거의 이용 고객이나 기관 - 과거에 개최되었던 회의의 담당자 - 세미나 주최자 - 조찬, 오찬 주최했던 사람들 - 상공회의소, 정부기관, 주요기업체, 　각종 친목단체 국제회의 본부

제2절 주요 연회고객

1. 정부

정부는 크고 작은 다양한 공식행사를 주최한다. 거의 모든 공식행사가 정부와 관련이 있다고 보아도 과언이 아닐 것이다. 정부에서도 주로 연회행사를 주최하는 곳은 청와대, 국무총리실, 외교통상부, 서울시청, 국방부, 국가정보원, 통일부, 국회, 사법부, 적십자사, 지방자치단체, 정부투자기관 등이며, 이들의 주요행사 스케줄은 다른 부문의 거래고객보다도 먼저 확정되는 경향이 있다. 또한 정부행사는 대부분이 규모가 크고 호텔연회 매출에 기여도가 상당히 높으며, 대외 홍보효과가 크기 때문에 담당지배인의 노력과 호텔 측의 지원이 특히 필요하다. 국빈방한과 관련된 정부행사는 의전과 보안 및 안전에 각별한 주의를 요함으로 이들 거래처 접근 시 의전과 보안·안전에 대한 문제점이 전혀 없음을 주지시키고 실제로 문제가 없도록 노력해야 한다.

2. 국내 단체

최근 호텔연회장을 이용하는 주요 국내단체는 과거의 라이온스(Lions), 로타리(Rotary), 제이씨(JC)와 같은 봉사단체보다 산업관련 협회 또는 학회의 모임이 국제적인 규모로 늘고 있다. 또한 이외 교육기관, 정당, 동창회, 사은회, 연구소(원) 등이 있다. 이들 고객을 유치하기 위해서는 호텔연회장의 입지적인 장점 외에도 인맥, 학원, 지연 등 우리 사회의 구조적인 역학관계가 작용하고 있다. 이를 위해 연회행사 정보를 입수한 판촉직원은 행사주관자와 행사 유치에 실질적인 영향력을 미치는 사람이 누구인지 미리 파악해서 무리없이 접근해 나갈 수 있는 노력이 무엇보다도 중요하다. 이들 단체는 정기적인 행사가 있으므로 이들에 대한 각종 정보를 철저히 수집해놓고 각종 자료를 정밀분석하여 지난번의 행사보다 이번의 행사가 더 훌륭하고 만족스러웠다는 평가를 받을수 있도록 하는 것이 이늘 단체에 대한 장기적인 유지관리이다. 이들 단체의 신규행사가 무엇이 있는지 수시로 파악하는 데 주력해야 하며, 이들 단체가 발행하는 각종 팸플릿이나 회의록 간행물을 항상 가까이 하는 것이 무엇보다도 중요하다. 동창회 유치강화를 위해서는 학연에 관련된 모든 정보 및 인적자원을 총동원하는 것도 한 가지 방법이다. 학회와 협의회에서 때로는 대규모 국제회의를 주최한다. 이들 국제회의는 주로 국내에 있는 국제회의 전문 대행업체를 통하여 이루어지고 있기 때문에 이들 거래처에 대한 관리는 양면작전이 필요하다. 즉 학회 또는 협회 실무자와 이들과 유대관계를 맺고 있는 국제회의 전문용역업체들에도 지속적인 접촉도 중요하다. 또한 타 호텔에서 유치되어 진행된 행사에 대한 정보를 입수하여 분석함으로써 경쟁사에 이루어지고 있는 연회의 종류를 파악하고 보다 나은 조건으로 유치하려는 노력도 소홀해서는 안 된다.

3. 국내기업

호텔연회의 국내 주요 이용기업은 금융, 제약, 병원, 언론, 방송, 여행사 등이며, 이들 기업을 포함한 국내 일반기업은 정기적인 주년 행사를 기획하고 단체모임의 행사를 주로 갖는다. 또한 신설 법인은 창립기념 연회를 계획 중이기 때문에 이에 대한 정보를 입수하여 유치해야 하고 이를 위해서는 각종 신문정보 및 업계지, 경제관련 기관지, 각 회사의 사보 등을 참조하는 것이 좋다. 이들 국내 기업고객에 대한 관리는 그 기업의 연혁과 조직의 의사결정권자에 대한 신상파악을 하여 업종별로 구분해 놓고 판촉에 활용하는 것이 효과적이다. 언론사의 창립기념일 행사는 그 규모가 대단히 크고 행사에 참석하는 인사들의 사회적 지명도가 높아 이들에 대한 적극적인 유치는 연회매출증진 그 자체에 국한되는 것이 아니라 기타 경비를 들이지 않고도 호텔의 명성을 알리고 높일 수 있는 홍보효과도 있으므로 특히 권장할 만하다. 국내기업부문은 국내단체와 마찬가지로 지연, 학연, 인맥에 의해 크게 좌우되고 있으므로 이들에 대한 접근방법도 세심한 주의를 필요로 한다.

4. 국외기업과 단체

호텔연회의 주요 국외기업과 단체는 대사관, 외국은행, 외국인 기업체, 국제단체 등이 있다. 대사관의 경우 그 나라의 국경일에는 대규모 리셉션을 개최하며, 그 나라의 상공인과 교역을 하는 업체와 모임을 지원한다. 국내 특급호텔의 경우 대사관과의 유대를 강화하기 위하여 총지배인이 직접 대사관에 DM(Direct Mail)을 발송하고 해당국가 국경일에 선물 등을 보내는 등 대사관 고객에 대한 VIP 영접을 직접 수행하고 있다.

이들 국외 기업과 단체들은 판촉직원의 지속적인 관리가 없으면 다른 호텔로 행사가 유치되어 버리므로 외국어 능력이 탁월한 담당 판촉직원을 고정시켜 이들 업체에 대한 관리를 지속적으로 철저히 하여야 한다. 현재 이들 기업과 단체가 주로 체인호텔(Chain Hotel)을 이용하는 경향이 있는 것을 보면 이러한 부분이 뒷받침되고 있음을 입증할 수 있다. 최근 국내에 입점한 외국인 기업의 증가와 국내에서의 왕성한 활동력을 본다면 이들에 대한 마케팅도 그만큼 관심을 가져야 할 것으로 보인다.

5. 가족모임

가족모임 부문은 결혼식, 약혼식, 회갑연, 돌잔치로 분류되며, 이들 중 대부분의 매출이 결혼식에 의존하고 있다. 또한 최근에는 과거의 회갑연 중심의 가족모임에서 핵가족화로 돌잔치모임의 가족모임이 급증하고 있는 것도 새로운 사회적인 관심사이다. 가족모임은 다른 일반 기업체나 단체의 모임보다 호텔 내 사회적인 관심사이다. 가족모임은 다른 일반 기업체나 단체의 모임보다 호텔 내 체류하는 시간이 적어 회전률이 높으며, 고객의 불평이 낮기 때문에 행사를 주최하는 고객의 욕구를 충족시키는 노력이 필요하다. 또한 이들 가족모임은 한 가정에 있어서 일생에 몇 번 안 되는 행사이기 때문에 메뉴단가면에서 고단가로 연결시킬 수 있는 부문이기도 하다. 가족모임 행사에 참가하는 사람들은 대부분 가족모임이 있을 때 의사결정권자로서의 역할을 수행하고 있는 사람들이 대부분이기 때문에 해당 가족모임의 성공여부가 그 다음의 가족모임 유치에 지대한 영향을 미치게 된다. 행사진행 성공 시 의사결정권자로서의 역할을 수행하게 될 사람은 기회가 있을 대 자신도 이와 같은 행사를 진행하고자 하는 욕구가 생기게 되고, 자신의 주위에 있는 사람들에게 연회행사 장소를 권유하기도 하는 이른바 무보상 판매원으로서의 역할을 수행하는 것이다. 이러한 가족모임 연회는 매우 불특정하고 다발적으로 일어나고 있기 때문에 일시적인 캠페인이나 노력만으로 큰 실효를 거둘 수 없다. 대체로 이용했던 고객이 좋아서, 또는 주위 사람들의 추천에 의해 이용된다. 이렇듯 이용객의 만족도 향상에 노력을 기울여야 한다. 또한 체계적인 고객관리를 통해 유치 강화해 나가야 하며, 각종 프로그램을 개발해 나가야 한다.

6. 특별행사

호텔 내 특별행사로는 계절별 특별디너쇼와 패션쇼, 콘서트 등이 있다. 이들 특별행사는 티켓(Ticket)판매에 각별한 주의를 해야 하며, 여론의 비난을 받지 않도록 하여야 한다. 기획 특별 디너쇼의 경우는 계절별로 요구되는 가수와 엔터테이너를 사전에 미리 적정한 개런티로 계약하는 것이 중요하며, 기간별로 티켓(Ticket)을 판매할 수 있도록 판촉과 홍보계획을 세워야 한다. 이 외 특별행사로는 백화점과 연계된 디너 플러스 패션쇼(Dinner + Fashion Show) 행사, 계절별 기획 콘서트, 자선콘서트 등이 있다. 이들 특별행사는 위험부담이 크고 검증되지 않은 새로운 행사가 많은 관계로 이 분야의 전문가가 담당하게 된다.

7. 국제회의

국제회의는 국가 간의 이해가 얽힌 일들을 심의 결정하기 위하여 여러 나라의 대표자들이 모여 회의 및 연회행사를 개최하는 공식적인 회의로서, 국제회의를 유치하면 연회행사는 필수적으로 연계된다. 연회행사를 유치하게 되면 소득의 증대, 고용증대, 세수증대의 효과를 볼 수 있다. 한편, 연회행사를 통해 고객을 접촉함으로써 마케팅의 영역이 발생하며 독창적인 아이디어를 창출할 수 있는 경우도 많아진다. 또한 국제행사 전문 대행업체와의 유대강화를 통하여 大, 中, 小, 국제회의 정보를 미리 입수하여 당 호텔로 행사를 유치하는 것이 바람직하다. 국제행사에는 여러 가지 종류가 있지만, 이들 모두가 공통적으로 객실사용과 연회행사를 동반한다.

제**5**장

행사 및 의전

제1절 행사와 의전
제2절 자리와 예우

제5장 | 행사 및 의전

호텔연회에 있어서 행사장 무대의 좌석배열과 식사를 하는 식탁에서의 좌석배열에 관한 의전은 매우 중요하고 행사주최 측인 고객으로 하여금 자주 질문을 받기 때문에 호텔연회담당자는 최소한의 의전에 관한 기본적인 예는 숙지할 필요가 있다. 따라서 본 장에서는 의전에 관한 일반적인 관례와 호텔연회에서 필수적으로 숙지해야 할 것에 대하여 알아보도록 하겠다.

1. 행사

우리가 자주 입에 오르내리고 있는 행사라는 단어는 누구나가 쉽게 이해하고 자신 있게 사용하는 말이지만 그 뜻과 내용을 정의하기란 쉽지 않다. 사전적 정의에 의하면 행사란 "일정한 계획에 의해 어떤 일을 진행하는 것, 또는 그 일"이라고 한다. 박재택 (2002)에 의하면 행사란 "뜻을 같이하는 다수의 사람들이 한 자리에 모여 특정한 목적 이나 이익을 위하여 함께 이루어지는 일"이라고 정의하고 있다. 즉 행사에는 특정한 목적을 위하여 다수의 사람이 한 자리에 모이는 것으로 행사주최자와 참석자들의 공동의 이익을 위해서 거행됨을 의미한다. 이러한 이익을 정부와 민간부문으로 나누어 보면 정부행사는 대체로 정부의 정책을 홍보하거나 설명하기 위하여, 민간행사는 통상적으로 특정집단의 공동의 이익과 관심을 집중을 위하여 개최된다.

행사는 행사의 성격, 주관기관이 정부기관이냐 민간기관이냐, 또는 행사장소가 옥외인가 옥내인가 등 그 기준에 따라서 그 종류를 다양하게 분류할 수 있다. 행사를 그 성질별로 나누어 본다면 의식행사, 공연행사, 전시행사, 체육행사, 각종 연회, 각종 회의 및 기타 행사로 나누어진다.

① 의식행사는 특별히 경사스러운 일을 경축하거나 특정한 날을 기념하는 행사, 외교사절 등 손님을 영접 환송하는 행사 등 특별히 의식과 절차를 갖추어 행사의 의의를 드높이는 행사이다. 의식행사에는 의전절차가 중시되며 행사의 내용은 전례전차와 연설로 구성되는 것이 일반적이다. 나라의 경사스러운 날을 기념하기 위하여 행하고 있는 4대 국경일 행사, 근로자의 날, 조세의 날 등 각종 기념일 행사, 각종시책 홍보행사, 촉진대회, 기공식, 준공식, 시무식, 종무식, 정기조회 등이 의식행사에 해당된다.

의식행사의 특징은 모든 행사의 기본이 된다는 것이다. 즉 의식행사가 독자적으로 독립하여 거행되기도 하지만, 성질이 다른 공연행사, 전시행사, 기타 어떤 행사를 할 때에도 행사의 전반부에 의식행사를 하는 것이 일반적인 관례이다.

② 공연행사는 주로 문화예술행사가 대부분이다. 이 행사는 일반대중을 대상으로 공연물을 연출하는 행사이다. 음악회, 영화제, 연극제, 무용발표회, 각종 쇼프로그램 등이 여기에 해당된다.

③ 전시행사는 역사적 기록물, 예술작품, 자연물산 및 공업생산품 등의 전시와 같이 과거의 발자취는 물론 현재의 정신적 창조활동의 결과 및 물질적 생산 활동의 결과물들과 미래에 예상되는 인류생활의 모습 등을 일반에게 보여주는 행사이다. 전람회, 박람회, 품평회, 각종 전시회 등이 이에 해당된다.

④ 각종 연회는 식사를 하는 조찬, 오찬, 만찬행사가 있고, 간단한 음료와 다과를 들면서 환담에 중점을 두는 리셉션(연회)이 있다. 리셉션은 의식행사의 후반부에 본행사의 부대행사로서 행하는 것이 보통이다.

⑤ 각종 회의에는 발표회, 토론회, 심포지엄, 포럼, 세미나 등과 같은 정책, 학술회의
와 전국 농촌후계자 대표회의와 같은 의식행사성 회의가 있고 그 외에 기간 내부
또는 외부와의 업무협조를 위한 단순한 회의가 있다. 기타 행사로는 축제행사, 퍼
레이드 등이 있다.

2. 의전

호텔연회장에서 개최되는 의전행사에는 대통령과 국무총리가 주빈으로 참석되는 행
사가 종종 있으며, 이 외 대사관이나 각국의 원수(元首)가 주최 또는 주빈이 되어 참석
되는 경우도 자주 보게 된다. 이와 같은 경우 주빈이 호텔의 로비에 도착하는 시점부터
시작된 예(禮)는 행사장까지의 최단으로 도착하는 동선을 확보해야 하고, 주빈이 메인
석에 참석하는 위치 안내 및 착석보조와 다시 배웅하는 예(禮)까지를 말한다. 현행법상
정해진 의전에 관한 사항은 「국경일에 관한 법률」, 「국장·국민장에 관한 법률」, 「각종
기념일에 관한 규정(대통령령)」 등이 있으며, 이 규정은 단지 나라의 경사스러운 날과
기념일의 일자를 정하고 있는 데 지나지 않는다. 이 외에 절차와 방법에 관한 규정으로
는 「대한민국 국기에 관한 규정(대통령령)」과 「군예식령(부령)」 정도가 있다.

이와 같이 의전례는 특히 의식절차와 방법 등에 관해서는 법으로 정하여지지 않고
관행에 중심을 이루고 있다. 『예기』의 「곡례(曲禮)」편에 '예(禮)는 때에 따라 마땅한 바
에 좇고 남의 나라에 가서는 그 나라의 풍속에 좇는다'라는 말이 있는데, 이 말은 의정
의 원칙이 시간과 장소에 따라, 혹은 주어진 상황에 따라 변화될 수 있음을 나타내는
것으로, 의전의 중점을 어디에 두느냐에 따라 의전례가 달라질 수 있음을 의미한다.

3. 주최와 주관

흔히 행사장에서는 초청장이나 대형 현수막에 공식적인 행사명 외에 '주최 : ○○○기
관, 주관 : ○○○'이라는 말을 볼 수 있다. 행사 주최기관은 행사를 주최하여 여는 기관

을 뜻하며 행사 주관기관은 행사를 책임지고 관리하는 기관을 말한다. 즉, 주관보다는 주최가 더 포괄적이며 상위 개념이다. 주최기관은 행사의 기본계획 수립 등 골격에 관한 일을 하며, 주관기관은 행사를 직접 집행하는 일을 맡는다. 즉 주최기간을 상급기관, 정부기관 또는 행사를 의뢰한 기관이라고 한다면, 주관기관은 하급기관, 공공단체 또는 민간기관 등 행사를 의뢰받은 기관이 된다. 예를 들면 경부고속도로 준공식의 경우 건설교통부는 주최기관이 되고 시공회사가 주관이 된다.

🌿 '협찬'과 '후원'의 차이

① **협찬(協贊)** : 어떤 일을 협력하여 돕는 뜻으로, 특히 어떤 행사에 금전적인 것을 제공하여 돕는 것을 말한다. 협찬사는 현물이나 금전을 제공한다.
예) 대기업의 협찬을 얻어 육상대회를 개최한다.

② **후원(後援)** : 일반적으로 어떤 행사에 상업적인 목적이나 금전을 매개로 하지 않고 도와주는 행위를 말한다. 또 다른 의미로는 어떤 사람이나 일을 뒤에서 도와주는 의미로 사용된다.
예) ○○신문사가 주최하고 문화관광부가 후원하는 전국 어린이 글짓기대회

제2절 자리와 예우

역사가 생긴 이래로 우리 인류가 만들어낸 예의기준은 나이가 적은 사람과 나이 많은 사람, 아랫사람과 윗사람, 사람과 사람과의 상호 존중관계에 관한 준거 기준에 있다. 일반적으로 의전상의 예우기준은 위의 기준과 같은 시간의 선후와 자리의 위치에 관한 개념에 의해 그 방법과 예우순서가 결정된다. 조선시대 재상의 서열을 보면 영의정, 좌

의정, 우의정 순으로 되어 있고, 자리를 기준으로 할 때에 가장 우선이다. 즉 본인이 있는 자리에서 우측이 상석이라고 보면 된다. 호텔연회에 있어 일반적으로 좌석배치에 관한 서열에 일정한 기준은 없다. 하지만 직위의 높고 낮음, 나이, 직위가 같을 때는 정부조직법상의 순서 등에 의한다는 것과 각종 행사에서 특별한 역할이나 주최자가 될 경우에는 서열에 관계없이 자리배치가 달라질 수 있다.

1. 주요 인사에 대한 예우

1) 일반기준

정부의전행사에서 참석인사에 대한 의전예우기준은 「헌법」 등 법령에 근거한 공식적인 것과 공식행사의 선례 등에서 비롯된 관례적인 것으로 대별할 수 있다.

공식적인 예우기준은 「헌법」, 「정부조직법」, 「국회법」과 「법원조직법」 등 법령에서 정한 직위순서를 예우기준으로 하는 것을 말하고, 관례적인 예우기준은 정부 수립 이후부터 시행해 온 정부의전행사를 통하여 확립된 선례와 관행을 예우기준으로 하는 것을 말한다. 현재 정부의전 행사에서 적용하고 있는 주요 참석인사에 대한 예우기준은 다음과 같이 하고 있으나, 실제 공식행사의 적용에 있어서는 그 행사의 성격, 경과보고, 기념사 등 행사의 역할과 본 행사의 관련성 등을 감안하여 결정된다.

(1) 직위에 의한 서열기준

① 직급(계급)순위

② 헌법 및 정부조직법상의 기관 순위

③ 기관장 선순위

④ 상급기관 선순위

⑤ 국가기관 선순위

(2) 공적직위가 없는 인사의 서열기준

① 전직

② 연령

③ 행사관련성

④ 정부산하단체, 공익단체협회장, 관련민간단체장

2) 좌석배치기준

각종 행사에 있어서 좌석배치의 기준은 의전예우기준을 토대로 행사의 성격, 주관기관 등에 따라 다음과 같은 요령으로 좌석을 배치한다.

① 단상좌석은 주빈석을 제외하고 각 집단별로 초청 인원수와 좌석의 배열형태를 고려하여 횡렬 또는 종렬로 한다.

② 주요 정당의 대포를 초청하여 단상에 배치하는 경우, 원내 의석수가 많은 정당 순으로 배치하는 것이 일반적 관행이나, 현재 정부 주요행사에서는 여당, 야당 순으로 배치한다.

③ 3부요인의 초청인사의 집단별 좌석배치순서는 관행상의 서열, 즉 행정·입법·사법의 순으로, 각 부내 요인 간의 좌석은 각 부내의 서열 또는 관행을 존중하여 배치한다.

④ 행정부 내의 동급 인사 간의 경우는 「정부조직법」 제26조의 규정에 의한 행정 각부의 순서 및 국무회의 좌석배치순서 등에 의거하여 좌석을 정하며, 입법부 내 요인간의 경우는 국회에서 관례적으로 사용하는 서열, 즉 국회의장, 부의장, 원내대표, 각 상임위원장, 국회의원, 사무총장, 국회사무처 차관급 순으로 좌석을 정한다.

⑤ 각종 사회단체 대표자 간 또는 기타 일반 인사단의 좌석배치순서는 그 자체에서 정해진 서열이 있으면 그에 따르고 특별하게 정한 서열이 없을 때에는 조직별 또는 집단별로 배치한다.

⑥ 주한 외교단은 외교단장을 비롯하여 관례에 따른 서열, 즉 신임장을 제정한 일자 순으로 배치하며, 그 외의 외국인은 알파벳 순으로 배치한다.

⑦ 차관급 이상의 군 장성은 행정부 인사와 같이 적제 순위에 따라 배치하는 것이 원칙이나, 다수의 장성이 참석하는 경우 계급 순으로 배치할 수 있으며, 계급이 같을 경우에는 승진일자 순, 군별(육·해·공), 임관일자 순, 연령순 등을 참작하여 서열을 결정한다.

다음과 같은 경우는 예외적으로 의전 서열에 불구하고 좌석을 우대할 수 있다.

Ⓐ 정부의전행사에 있어서 대통령 등 상급자를 대행하는 경우
Ⓑ 행사조관기관의 장(연회에서는 초청자)
Ⓒ 행사직접관련 기관장 또는 인사
Ⓓ 행사에 역할(경과보고, 식사 등)이 있는 인사 등

3) 각종 회의 시 좌석배치

각종 회의 시 좌석배치는 회의규모와 장소에 따라 일정하지 않으나, 좌석의 배열형태 및 참석자 간의 좌석배치 순서는 다음의 관례에 의한다.

(1) 단상 좌석배치

단상 좌석배치는 행사에 참가한 최상위자를 중앙으로 하고, 최상위자가 부인을 동반하였을 때에는 단 위에서 아래를 향하여 중앙에서 우측에 최상위자를, 좌측에 부인을 각각 배치한다. 그 다음 인사는 최상위자 자리를 중심으로 단 아래를 향하여 우좌(右左)의 순으로 교차하여 배치하는 것이 원칙이다.

① **대통령 참석 시** - 단(壇) 아래를 향해
　Ⓐ 단독 참석 시에는 대통령 좌석을 앞으로 전진배치 한다.

ⓑ 영부인과 동반 참석 시에는 대통령 내외분 좌석을 앞으로 전진배치 한다.

② **대통령 불참 시 - 단(壇) 아래를 향해**

대통령이 참석하지 않는 행사에서 참석인사의 단상 앞 열 좌석배치는 단상의 오른쪽에 최상위자를, 왼쪽에 차순위자를, 최상위자의 오른쪽에 다음 순위 자를 우좌(右左)의 순으로 배치한다.

③ **일반 참석자 좌석배치**

ⓐ 단 아래의 일반참석자는 각 분야별로 좌석군(座席群 : 개인별 좌석을 지정하지 않음)을 하는 것이 무난하며, 당해 행사와의 유관도·사회적 비중 등을 감안하여 단상을 중심으로 가까운 위치부터 배치토록 한다.

ⓑ 주관기관의 소속직원은 뒷면에, 초청인사는 앞면으로 한다.

행사진행과 직접 관련이 있는 참여자(합창단악 등)는 앞면으로 한다.

④ **배치형태**

회의에 참석할 인원이 5명 내지 7명의 경우에는 원형으로, 9명 내지 10명 정도의 경우에는 장방형으로, 그리고 12명 이상일 경우에는 U자형으로 좌석을 배치하는 것이 일반적이다.

⑤ **참석자 간의 배치**

회의에 참석하는 참석자 간의 좌석배치 순서는 이미 정하여진 서열이 있으면 그에 의하여 사회자석을 기점으로 배열하고, 참석자 간에 특별히 정하여진 서열이 없으면 회의에서 사용하는 주된 공용어 또는 가나다순에 의한 성명순서에 따라 배치한다. 외국인이 많이 참석하는 경우와 국제회의의 경우에는 영어의 알파벳 순으로 국명 또는 성명의 순서에 따라 정하는 것이 일반적인 관례이다.

ⓖ **명패**

회의용 탁자에는 회의참석자의 명패를 준비하여 명패의 양면에 참석자의 직책명과 성명을 기입하여 참석자 상호 간에 볼 수 있도록 한다.

4) 정부의 의전절차의 관행과 기준

정부에서 거행하는 4대 국경일은 법률로 3·1절과 8·15 광복절, 제헌절, 개천절이며 '나라의 경사스러운 날'로 정해진 경축일이다. 4대 국경일 행사는 입법, 사법, 행정부의 주요인사와 전국의 각계각층의 대표가 참석하며, 이러한 국경일 행사에 있어서도 국경일이 갖는 특성에 따라 의전례가 달라진다.

3·1절과 8·15 광복절 행사에는 일제의 탄압에 항거하며 독립 쟁취에 참여하였던 애국지사들에 대한 의전상 예우에 각별히 신경을 쓴다. 행사의 초점도 이 부분에 맞추기 마련이다. 3·1절 경축 시에는 민족의 자주독립선언이 강조되고, 8·15 광복절 경축식에는 일본 압제에서의 해방과 새로운 정부수립의 역사성이 부각된다. 식장의 단상인사 배치 시에도 지금까지의 관행은 3부의 대표와 애국지사들이 단상인사로 결정된다. 그러나 제헌절 경축식에서는 행사의 중점이 우리의 헌정사와 법치주의의 구현에 모아지게 되므로 참석인사의 예우에 대해서도 자연스럽게 국회의장 등 입법부 인사와 정당의 대표들을 우선하도록 하고 있다. 또한 개천절 경축행사에서는 행사의 초점을 민족사의 형성과 발전에 두고 참석인사의 예우에 있어서도 단군신화의 역사성을 숭모하는 학계의 지도층 인사들을 우선해서 예우하고 있다.

5) 대통령이 참석하는 행사의 의전례

대통령은 우리나라 헌법에서 규정하고 있는 바와 같이 국가원수로서 외국에 대하여 국가를 대표하고 국가 독립, 영토의 보전, 국가의 계속성과 헌법을 수호할 책임을 짐과 동시에 정부의 수반으로서 국가행정에 관한 권한과 책임을 지는 지위에 있다. 따라서 이와 같이 국민이 국가원수인 대통령에 대하여 경의를 표하는 것은 일반적인 관례이자

도리라고 하겠다. 세계 각국도 방법상의 차이는 있으나 국가원수에 대하여 일정한 경의표시를 하고 있다. 또한 그 나라를 방문한 외국원수에 대해서도 동일한 예우를 행하는 것이 일반적인 국제관례로 되어 있다.

(1) 단상 좌석배치

대통령에 대하여는 반드시 '대통령'이라는 존칭을 붙이도록 한다. 과거에는 대통령에 대한 존칭으로서 '대통령 각하'라고 호칭하였으나 근래에는 권위주의 이미지가 연상된다는 이유 등으로 '각하'라는 표현을 피하고 있다. 일반적으로 '대통령께서', 또는 직접 호칭 시에는 '대통령님'으로 사용하고 있다. 대통령과 부인을 함께 경칭하는 경우에는 '대통령 내외분'이라고 한다('대통령 부처' 등은 사용하지 않는다). 부인에 대하여는 '대통령 부인' 또는 '영부인'으로 하고 부인에 대하여 직접 호칭 시에는 '여사님'으로, 자녀에 대해서는 '대통령 장남 ○○○씨'(미혼인 경우는 '군'), '대통령 장녀 ○○○양'(미혼인 경우) 등으로 호칭한다. 우리나라 대통령을 영어로 표기하는 경우에는 'His Excellency the President of the Republic of Korea'로 하며 'His Excellency'는 'H.E.'로 줄여 쓸 수 있다. 대통령 내외분은 'H.E. the President of the Republic of Korea and Mrs. ○○○'으로 쓴다. 외국원수에 대한 존칭은 영예의 표시이기 때문에 잘못 사용하면 의전상 큰 결례가 된다. 외국원수에 대한 존칭은 문서와 호칭에 사용하는 것이 나누어져 있는 경우가 많으므로 관련 주한대사관을 통해 확인 후 사용하는 것이 좋다.

(2) 일반의식에서의 예의

대통령이 참석하는 공식행사는 대통령이 도착하기 전에 단상 초청인사가 있는 경우는 미리 착석하도록 하는 등 식장정리를 마치도록 한다. 대통령이 식장에 도착할 때에는 행사주관 기관장 등 2~3명이 식장 입구에서 영접한 뒤 식장까지 수행한다. 대통령이 식장에 입장할 때 사회자의 "지금 대통령께서 입장 하십니다" 하는 안내에 따라 단상이나 단하의 참석자는 모두 기립하여 자연스럽게 대통령을 향하여 박수로 환영의 뜻을 표하며, 대통령이 착석한 후에 착석한다. 이때 교향악단 등이 있을 때에는 입장음악을 연주하도록 한다. 대통령이 훈장 또는 상장을 수여하면 참석자는 박수를 쳐서 축하하고, 연대에서 연설을 하는 경우에도 참석자는 감명 깊은 대목이 있을 때와 끝날 때에는 박수를 치는 것이 예의이다. 대통령이 폐식 후 퇴장할 때에는 특별한 안내 없이 참석자는 모두 일어서서 박수를 쳐서 환송하고, 영접했던 인사가 출구까지 나가 전송한다. 의식에 있어서는 대통령보다 늦게 참석하거나 먼저 식장을 나가는 행위는 결례가 된다. 대통령이 행사에 참석하는 경우나 특정기관이나 단체 등을 순시하는 경우에는 평소에 있는 그대로 자연스럽게 정의를 표시하도록 하고, 불필요하게 관련 기관장을 도열시키거나 대화자를 선정하여 미리 대화준비를 하며, 행사장 내외에 시민이나 공무원을 동원하는 등 인위적이고 부자연스런 영접행위는 올바른 경의표시 방법이라고 할 수 없다.

(3) 특수의식에서의 예의

제복을 착용하는 군인·경찰 등이 주관하여 대통령이 참석하는 특수의식에 있어서는 군예식령, 경찰의식규칙 등에서 규정하는 바에 따라 경의를 표한다. 다만, 대통령에 대한 경례 시 일반 참석자는 기립하여 차려 자세만 취한다.

(4) 개별 접견 시 등의 예의

개별 접견 시는 대통령이 자기 앞에 오면 공손하게 경례를 하고 자기를 소개하며 악수를 청하면 목례와 함께 악수를 한다. 이 경우 두 손으로 잡거나 먼저 손을 내미는 것은 결례가 된가. 공연장, 경기장 또는 거리에서 대통령을 보았거나 만났을 때에는 걸음을 멈추고 예의를 표하며, 악수를 청하면 가볍게 악수한다. 대통령이 탑승한 승용차가 지나갈 때도 손을 흔들어 환영하는 것이 예의이다.

(5) 행사장 참석 비표 교환

호텔연회장에서 개최하는 정부차원 각종 의식행사에서는 참석인사를 초청할 때 초청장과 함께 입장카드와 참석안내문, 차량주차카드를, 행사종료 후 리셉션이 있는 경우에는 리셉션 초청장과 그 입장카드를 보내는데, 이 입장카드는 대통령 등 정부의 주요 인사가 행사에 참석할 경우 안전을 확보하기 위한 장치로서 초청인사를 비롯 행사요원,

참가업체 등 모든 참석인사들에게 발급하는 것으로서 행사장에 입장할 때 비표(이 표가 있어야 행사장 입장이 가능)와 교환하는 증표이다. 즉 이것은 행사장 현장에서 본인여부를 가릴 수 있는 유일한 수단이다. 비표의 교환은 행사장 입구에서 가까운 곳으로 통행에 지장이 없는 장소로 정하는 것이 좋다.

(6) 의전례 진행계획

정부에서 주최하는 행사준비는 기본적으로 의식진행계획, 초청계획, 안내계획, 시설공사계획, 홍보계획을 포함한다. 이들 분야별 계획들은 초청계획을 제외하고는 행사의 성격, 규모에 따라 다르기는 하지만 각기 시설물을 제작하거나 구입하여 준비할 필요가 있다. 예를 들면 다음과 같다.

① **의식진행계획** : 연설대, 의자, 탁자, 꽃 장식, 기타 식단에 필요한 소품 등
② **안내계획** : 식장 안내 및 유도 표지판, 주차장 관리시설 등
③ **시설공사계획** : 식단의 제작, 기타 행사 관련시설의 정비 정돈
④ **홍보계획** : 식장 내외 현판, 홍보탑, 현수막 등

2. 행사

공식적인 만찬은 행사가 시작하기 전 초청인사의 도착부터이다. 이러한 절차는 보통 다음과 같은 공식 과정을 따른다.

1) 초청인사 도착

공식만찬이나 오찬에는 초청인사가 오는 것을 기다리면서 그들의 주빈에게 소개하는 동안 약 20~30분간 칵테일을 하게 된다. 좌석배열의 수정이 필요할 경우 이때 재조정하도록 한다.

2) 영접라인(Receiving Line)

영접라인은 15~30분간 유지하는 것이 일반적이며 그 후에는 주최자의 주빈 부부도 다른 초청인사 들과 합류하는 것이 바람직하다. 문 밖에서 보아 왼쪽이 영접라인이 되며 이 위치에서 주최자와 주빈(주빈이 있을 경우)은 초청인사를 영접하게 된다. 영접라인의 순서는 주빈이 있을 경우 주최자, 주빈, 주최자 부인 또는 주빈의 부인 순이며, 주빈이 없을 경우에는 주최자와 그 부인 순으로 한다. 영접라인 앞에서는 의전관 및 안내인이 서서 초청인사를 안내하게 되는데, 이에 앞서 영접라인에 들어서는 초청 객은 안내인에게 자신의 직책과 성명을 분명히 말하여야 한다. 또한 대규모 공식 연회 시에는 명함을 제시하도록 하는 경우도 있다. 주최자가 초청인사와 인사를 교환한 후 그를 주빈에게 소개하는데 이때에는 가급적 긴 담화를 피하도록 한다.

3) 연회의 개시

초청인사가 모두 도착하면 주최자는 연회장의 준비가 완료된 것을 확인하는 대로 이들에게 연회장으로 들어갈 것을 권한다. 초청인사를 식탁으로 안내하는 예법은 나라에 따라서 일정하지 않으나 공식만찬의 경우 주최자가 주빈의 부인을, 그리고 주최자 부인이 주빈을 안내하게 되며 다른 초청인사들은 그 뒤를 따르게 한다.

4) 건배제의

일반적으로 호텔연회장에서 개최되는 리셉션에는 절차상 건배제의가 있다. 절차상 보통 기념 케이크를 절단하고 건배제의자의 제청에 의해 진행된다. 이때 참석자 모두가 함께 건배를 할 수 있도록 건배제 전에 신속한 서빙이 필요하다. 만찬으로 진행될 경우에 건배제의는 보통 만찬이 시작되기 전이나 후식을 제공받기 전에 한다. 이럴 경우 보통 만찬이 시작 전에 주빈이 행사를 개최해준 주최자와 참석자를 위해 제청을 하고 후식을 제공받기 전에는 주최자가 참석해 준 내빈을 위해 제청을 한다. 그러나 절차상 건배제의 순서가 준비된 경우에는 기념케이크 절단을 하고 그 다음에 이어서 건배제의를 한다. 하지만 특별한 방식이 준비되어 있지 않는 상황에서는 어떤 방식으로 하더라도 문제는 없다.

5) 만찬

만찬에 들어가기 전에 보통 와인을 서빙하게 되는데, 서빙하는 순서는 주최자가 주문한 와인을 시음 후에 주빈을 가장 먼저 서빙하고 주최자를 맨 나중에 서빙한다. 행사의 성격에 따라 서빙하는 순서가 다를 수 있지만, 보통 메인테이블의 주빈을 가장 먼저 서빙한 후에 순서대로 서빙하는 것이 관례이며, 먹고 난 접시를 치우는 순서도 마찬가지이다.

6) 연회의 종료

연회장에서 나오는 순서는 들어갈 때와 비슷하며 대체로 주빈과 주빈의 부인이 먼저 자리를 일어선다. 연회장에서 나온 후에는 잠시 인사를 나눈 뒤 주빈이 먼저 떠나며 그 뒤를 이어 일반 초청인사들이 대개 서열 순에 따라 연회장을 떠난다.

제**6**장

가족모임

제6장 | 가족모임

호텔에서의 가족모임은 기본적으로 우리나라의 전통적인 의례 중, 통과의례(通過儀禮)의 길한 일을 축하하는 모임을 근간으로 하고 있다. 여기서 "통과의례"란 사람이 출생하여 한평생 사는 동안 치르게 되는, 여러 가지 크고 작은 고비를 지날 때에 치르는 의식이나 의례를 말하는 것이다. "길한 일"이란 출생·돌·관례·혼례·회갑례·회혼례를 말하는 것으로 이때에는 가까운 친지를 모시고 축하나 위로를 받으며 의례 음식을 마련한다. 이러한 우리 조상들이 행한 의례에 관련된 풍습은 지금까지 지켜 내려오고 있으며 현재의 호텔연회장에서 가족모임의 행사로 치러지고 있다. 백일잔치, 돌잔치, 약혼식, 결혼식, 은혼식, 금혼식, 회갑연, 회혼식 등이 이에 속한다.

제1절 백일(百日)잔치

아기가 출생한 지 백날이 되면 일가친척은 물론 이웃 사람들을 청하여 아기를 보여주고 축복을 받고 백설기와 음식을 차린다. 최남선의 『조선상식문답』에 백일을 경축하는 의미를 "백일이 되면 사망률이 가장 많은 시기를 넘어설 뿐만 아니라 한편으로 갓난아기가 사람을 반겨 방실방실거릴 줄 알아 경사스런 마음이 더 클 수밖에 없는 것입니다"라고 쓰여 있다. 아기를 위해서는 음식을 풍성하게 차린다. 흰무리(백설기)는 백설

같이 순수 무구함을 뜻하며 새 아기를 찬양하는 의미가 된다. 수수팥떡은 부정한 것을 예방하는 주술적인 뜻이 포함되어 있다. 조선시대의 궁중에서는 "왕손의 백일에 백설기를 준비하여 궁 밖에 사는 종친들까지도 나누어 먹었다"고 한다. 백일 떡은 친척과 이웃집에 두루 돌리는데 일백사람에게 나누어 먹이면 백수한다고 하였다. 백일 떡을 받으면 자기 집의 그릇에 비우고 가져온 그릇을 돌려줄 때에는 씻지 않고 그냥 돌려주어야 아이에게 좋다고 하여 씻지 않고 그대로 실이나 돈을 담아 답례로 주었다. 실과 돈은 장수와 부귀를 기원하는 뜻이다.

제2절 돌잔치

1. 돌잔치

아기가 나서 만 한 살이 되면 자축과 축복을 겸한 잔치를 베푸는 것을 말한다. 돌을 맞는 아이를 '돌잡이'라 하여 그날의 주인공이 되고 돌잡히는 풍속이 있다. 남아에게는 색동저고리, 풍차바지에 복건을 씌우며, 여아에게는 색동저고리, 다홍치마에 조바위를 씌워 돌상 앞에 앉힌다. 돌상에는 음식과 각종 물건을 차려 놓는데 남아와 여아가 약간 다르다. 흰무리·수수팥단자·쌀·국수·과실·돈·대추·종이·붓과 먹 등을 늘어놓고, 남아는 천자문과 활과 화살을, 여아는 천자문 대신 국문을 놓고 활과 화살 대신에 색지, 실패, 자 등의 모두 유래가 있는 물건들을 놓는다. 무명필을 접어서 방석삼아 아기를 앉히고 가족과 친지들이 모여서 아이가 무엇을 먼저 잡는가 구경을 하며 아기의 장래를 점친다. 책을 먼저 집으면 글을 잘하게 되고, 활을 잡으면 장군감이고, 자를 잡는 여아는 바느질을 잘하게 된다는 것이다. 쌀은 부자가 되고, 대추는 자손이 번영한다 하여 돌잡이를 즐긴다. 돌날에 입히는 옷을 돌복이라 하는데, 이수광의 『지봉유설』에 돌잡이에게 새 옷을 입히는 것을 기록하였음에 미루어 일반화된 풍속임을 알 수 있다.

▲ 돌잔치

첫돌은 생활이 넉넉하지 않은 서민에서부터 궁중에 이르기까지 반드시 차려서 경축하는 풍속으로 현재까지 이르고 있다. 궁중에서의 돌잔치의 기록은 『국조보감』 정조 15년에 원자의 돌잔치에 제신들이 축하하고, 덕을 나누고 모든 백성에까지 기쁨을 같이 하였다고 전한다. 돌날 손님상은 흰밥에 미역국과 나물·구이·자반·김치·조치 등 반상을 차려서 대접한다. 돌에도 백일 때와 마찬가지로 친척과 이웃에 떡을 돌리며, 떡을 받으면 답례로 실·돈·반지·그릇·수저 등을 준비하여 돌상을 차릴 때에 쓴다. 이는 앞으로 세상을 살아갈 때 영위해야 할 식생활의 기본 수단이라는 것에 큰 뜻이 있다 하겠다.

2. 돌잔치 기획의 포인트

최근 저출생으로 인하여 부모가 아이들에게 쏟는 정성은 교육열에서 볼 수 있듯이 아이에 관한 행사가 점차 질적으로 고급화되고 있는 실정이다. 이는 호텔연회에서 돌잔치의 진행 횟수가 점차 늘어나는 추세에 있는 것만으로도 느낄 수 있다. 과거에 상차림에 사진촬영을 하고 하객을 위한 음식을 제공하는 것에서 지금은 아이에게 기억될

만한 잔치를 마련하기 위해 많은 정성을 기울이고 있다. 돌을 맞이하는 주인공을 위해 상차림에 꽃장식으로 마무리하던 과거와 달리 다양한 풍선으로 주위를 장식하여 주인공을 동화 속의 주인공으로 만들어 주어 주빈과 참석자 모두 기쁘게 한다. 또한 보통 돌잔치는 주말에 하는 관계로 하객들이 가족을 함께 동반하는 경우가 늘고 있어, 착석객 아이를 위한 공간과 메뉴를 기획하여 제공하는 것도 중요시되고 있다. 이에 연회기획가는 돌잔치의 행사가 특별한 절차를 가지고 진행되는 행사가 아닌 만큼 주인공의 부모의 의도에 분위기 연출을 맞추어 상담하는 것이 좋을 듯싶다.

제3절 약혼식

약혼이란 예비 신랑·신부 두 사람이 정혼하기로 약속하는 것을 집안의 어른들과 친척, 친지들 앞에서 알리는 의식으로 전통혼례의 사례의식 중 의혼과 납채, 납폐를 하나로 묶어 현대식으로 개편한 절차의 의식이다. 약혼식 중 사주와 납채문 전달은 전통혼례의 의혼과 납채에 해당되며, 예물교환은 납폐의 잔재로 볼 수 있다. 보통 약혼식에 대한 부담은 신부 측에서 지불하는 경우가 많은데, 특별한 이유는 찾아보기 힘드나 전통혼례의 의식과 잔치가 신부 측에서 성대하게 이루어졌던 것에서 추정할 수 있다.

약혼식은 특급호텔 예식이 활성화되기 전까지만 하여도 호텔연회의 주요 행사 중 하나였으나, 21세기를 살아가는 현시대에서는 여성의 사회적 지위 향상과 경제력 향상으로 결혼에 대한 인식의 변화로 점점 감소 추세에 있다. 그러나 일부 연예계나 부유층을 중심으로 꾸준히 지속되고 있으며, 약혼식을 한다는 것은 예비신랑·신부가 되는 것으로 특급호텔 예식담당자의 주요 고객이 되기에 중요하게 여겨진다.

1. 약혼식 식순

약혼식의 사회와 결혼식의 사회는 신랑 측의 친구가 보통 보게 된다. 일부 집안에서는 신랑의 친구 중 첫 아들을 낳고 사주가 좋은 사람을 사회자로 추천받는 경우도 있다. 최근에는 별도로 구분 없이 사회를 잘 보는 친구가 자주 섭외되기도 한다.

① 개식사

사회자가 약혼식 시작을 알린다.

② 예비신랑 · 신부 입장

예비신랑 · 신부가 입장하여 기념 초 및 각 테이블의 초에 점화하여 상석까지 가서 양가 모친과 함께 초에 점화를 한다.

③ 신랑 · 신부의 약력 소개

사회자가 예비 신랑 · 신부의 학력 및 경력을 간단히 설명한다.

④ 사주전달

예비신랑 · 신부는 일어서서 뒤로 일보 물러서도록 하여 사주(신랑의 생년 · 월 · 일 · 시를 글로 적은 것)를 신랑 어머니가 신부 어머니께 전달하고 양가 어머니끼리 서로 공손히 인사를 하도록 한다. 이어서 신부 아버님이 그 사주를 받아 본 다음 접어서 다시 사주 집에 넣고 신부 부모님이 신랑 부모님께 잘 보았다는 의미로 인사를 한 다음 착석한다.

⑤ 예물교환

미리 준비한 예물을 전달하는데, 예비신랑이 예비신부에게 약혼반지부터 끼워 주고 시계가 준비된 경우는 시계를 채워준다. 그 다음 예비신부가 예비 신랑에게 약혼반지, 시계를 채워준다. 그리고 나머지 예물은 신랑 측 어머니에게 전달한다. 이때 예비신랑 · 신부는 뒤로 한 걸음 물러서서 한다. 교환이 끝난 다음 착석한다.

⑥ 양가 가족소개

사회자의 소개에 의해 신랑 측 가족대표가 신랑 측 가족을 소개하고, 그 다음 신부 측 가족대표가 신부 측 가족을 소개한다.

⑦ **예비 신랑·신부 인사**

예비신랑·신부가 일어서서 약혼이 성립됨을 감사하다는 뜻에서 양가 친지들에게 공손히 인사를 한다.

⑧ **축전 낭독**

참석하지 못한 분들께서 보내주신 축전을 사회자가 낭독한다.

⑨ **축하 케이크 커팅**

예비신랑·신부를 기념케이크 앞으로 나오도록 하여 케이크 초에 점화를 한 다음 손을 다정히 잡고 촛불을 끄도록 하고, 준비한 샴페인을 터뜨려 분위기를 고조시킨다. 서비스요원은 Dry Ice Machine의 스위치를 눌러 Dry Ice 김이 나오도록 하여 환상적인 분위기를 연출하며, 예비신랑·신부가 케이크를 위에서 아래로 자르도록 한다. 이때 하객들은 박수로 축하하도록 한다.

⑩ **축배**

예비신랑·신부의 행복한 앞날과 약혼식을 기념하는 축배를 사회자가 제의한다. 상석의 예비신랑·신부와 부모님은 샴페인 글라스가 닿도록 가까이 다정하게 포즈를 취하도록 하며, 하객들도 다 같이 잔을 들어 "축하합니다"라고 한다.

⑪ **양가 대표인사**

양가 아버님으로부터 두 사람의 약혼에 대한 격려와 양가의 인연을 맺은 것에 대해 감사의 말을 한다.

⑫ **식사**

공식행사가 모두 끝난 후에 준비된 식사를 제공한다.

⑬ **여흥**

식사가 어느 정도 마무리될 무렵 준비된 여흥을 진행하도록 한다.

⑭ **폐회**

2. 약혼식 좌석배치

약혼식은 기본적으로 30명 미만의 경우는 U-Shape의 형태를 취하고 인원이 많이 늘어날 경우 메인석(6석) 외 하객석을 라운드 테이블로 세팅된다. 보통 무대를 바라보고 중앙을 기점으로 우측이 신부, 좌측이 신랑이 착석을 하게 된다. 신부, 신부어머님, 신부아버님 순으로 착석을 하며, 신랑, 신랑어머님, 신랑아버님 순으로 착석하나 특별한 연유는 없는 것으로 보인다. 전통혼례의 경우 신랑 측이 동쪽, 신부 측이 서쪽에 위치하고 있으며, 서구스타일의 경우는 여성을 우측에 동행시키나 결혼식 퇴장에서만큼은 예외적으로 좌측에 동행시킨다. 아무튼 이러한 것이 참고일 뿐 정확한 연유로 보기는 어렵다.

3. 약혼식 메뉴

약혼식의 메뉴로는 주로 정찬이 제공된다. 뷔페식으로 하는 경우는 음식을 뜨기 위해 자리를 이동해야 하고 양가가 서로 처음 대면을 하는 자리라 음식을 들고 다니는 모습이 좀 불편할 것으로 보인다. 이렇듯 체통을 중시하는 한국적인 정서에서 뷔페는 음식의 맛을 제대로 느끼기 어려울 것으로 보여 주로 정찬을 많이 주문한다. 정찬의 종류로는 양식코스, 중식코스, 한정식코스 등이 주로 제공된다. 그 외 일식코스나 기타 특별요리가 제공된다. 저자의 소견으로 본다면 양식은 격을 중시하고 양식메뉴를 좋아하는 가문이라면 좋고 술과 여흥을 중시하는 가문이라면 중식이 좋다. 한정식과 일식 회석요리 코스는 어느 분위기나 잘 어울린다.

4. 약혼식 주요 주문 품목

약혼식에 주문되는 메뉴의 주류를 포함한 음료, 케이크와 샴페인, 꽃장식(하트캔들과 주빈석 장식, 하객석 장식), 사진촬영, VTR촬영, 연주 등이 주요 주문품목이다.

5. 약혼식 기획의 포인트

약혼식은 보통 신부 측에서 비용을 부담하기 때문에 상담의 포인트를 신부와 신부 측 부모님의 경제적 사정에 맞추어 임하는 것이 바람직하다. 약혼식은 적은 인원에 꽃 장식과 음식비용이 적지 않게 들기 때문에 연회기획가는 고객의 경제적 사정을 특히 고려해야 한다. 이 외 고려되는 사항으로는 약혼식 메뉴이다. 주의할 점으로는 약혼식 메뉴로 뷔페는 바람직하지 않다는 것이다. 양식코스는 양가 모두 양식을 선호하는 경우나 격식 있는 절차를 따를 경우에 진행이 원만하다. 중식코스는 한국식 정서에 맞는 메뉴로 판단이 된다. 술을 권하고 식사와 안주가 되기도 해 많은 분들이 중식코스를 선호하는 편이다. 호텔이 한정식과 일식코스는 서빙 상 혹은 기물의 준비 상 꺼려하기 때문에 자주 제공되지 않아 메뉴단가가 높은 단점이 있다.

▲ W 호텔의 약혼식 세팅모습

▲ 반얀트리 웨딩

회갑연

전통적으로 부모를 공경했던 우리나라는 회갑례를 가정의 대사 중의 하나로 여겼으며, 이러한 문화는 지금도 계속 이어지고 있다. 회갑이라는 말은 환갑(還甲), 주갑(周甲), 화갑(華甲), 화갑(花甲)이라고 하는데, 이는 곧 자기가 타고난 간지(干支)가 만 60년이 되면 그 자리로 돌아오기 때문에 만 60년이 되는 해의 생일을 회갑으로 한다. 회갑연이란 부모가 회갑을 맞으면 자손들이 모여 부모님의 장수를 축하하기 위해서 잔치를 베푸는 연회를 말한다. 그래서 회갑연을 수연(壽宴)이라고도 한다. 이러한 회갑연은 현재 주말 가족모임의 대표적인 연회가 되었으며, 최근 수명의 연장으로 회갑연을 생신연의 규모로 대신하고 칠순잔치(고희연)를 예전의 회갑연의 규모로 하는 경향이 늘어나고 있는 실정이다.

헌수(獻壽)란 자녀들이 부모님께 술을 올리고 절을 하는 것을 말한다. 옛날에는 회갑상을 혼례상과 같은 고배상을 차리고, 차례차례 자손들이 잔을 올렸고, 헌수가 끝나면 초청한 친척과 부모님의 친구들께 국수장국을 중심으로 고배했던 음식을 고루 차려 대접했다. 고배상(상차림)에 차리는 음식의 종류나 품수, 높이 등에 관한 규정은 없으며 각 음식의 위치도 정해져 있지 않다. 일반적인 호텔 연회의 상차림으로는 생과류, 그리고 맨 뒷줄에 견과류와 조과류, 병류 등을 보기 좋게 색 맞추어 놓여진다.

1. 회갑상의 기본음식

회갑상에 올리는 음식은 부모의 장수와 자손의 번창을 의미하며 아래와 같다. 하지만 최근 수입과일과 계절음식이 올려지기도 한다. 일반적으로 떡과 과일을 제외한 대부분이 모조로 올려진다. 이는 사진을 찍기 위한 장식용으로 이를 대신하고 있다.

① **견과**(건과) : 대추, 밤, 은행, 호두
② **생과**(생과) : 사과, 배, 감, 귤

③ **다식**(다식) : 송화다식, 쌀다식, 녹말다식, 흑임자다식

④ **유과**(유과) : 약과, 강정, 매작과, 빈사과

⑤ **당속**(당속) : 팔보당, 졸병, 옥춘당, 꿀병

⑥ **편**(편) : 백편, 꿀편, 찰편, 주악, 승검초, 떡, 팥시루떡

⑦ **포**(포) : 어포, 육포, 건문어

⑧ **정과**(정과) : 청매정과, 연근정과, 신사정과, 생강정과, 유자정과

⑨ **적**(적) : 쇠고기적, 닭적, 화양적

⑩ **전**(전) : 생선전, 갈납, 육전

⑪ **초**(초) : 홍합초, 전복초

2. 회갑연 메뉴

보통 정찬보다는 뷔페식으로 주문하는 경향이 대부분이고, 정찬의 경우는 중국식코스, 한정식코스로도 진행되는 경우도 있다. 하지만 양식코스와 일식코스는 간혹 제공되는 경우가 있지만 흥하지 않고 대체로 뷔페식이 우리나라 잔치문화의 정서에 맞는 것 같아 회갑연하면 보통 뷔페식이다.

3. 회갑연의 비용항목

호텔 회갑연에서 식음료를 제외한 주요 비용항목으로는 기념케이크, 샴페인, 정종(헌주용), 상차림, 밴드, 국악인, 사회자, 사진촬영(원판, 스냅), 꽃장식(상차림석과 하객 테이블, 주빈용 흉화)이 들 수 있다. 그 외 헌화용 꽃다발이나 꽃바구니 등이 있다.

4. 회갑연 기획의 포인트

회갑연은 부모님의 장수를 축하하는 자리로 가까운 친지와 친척을 초대하여 연회를 베푸는 행사다. 연회기획가는 자녀들이 준비한 행사가 부모님과 일가친척 모두 뜻깊은 자리가 되도록 행사를 준비하는 자녀들의 입장을 잘 고려해야 한다. 고객의 경제적 능력에 따라 식료 메뉴가격이 결정이 되지만 그날의 분위기는 연회기획가의 배려에 따라 좌우될 수 있기 때문이다. 주요 고려사항으로는 다음과 같다.

1) 고객의 하객 인원과 메뉴 단가

하객의 인원에 따라 규모가 수십 명에서 수백 명까지 될 수 있다. 경제적인 부담을 크게 느끼는 고객에게는 저렴한 메뉴를 권하여 드리는 것이 좋다.

2) 사회자

회갑연 1부 사회는 장남의 친구나 사위의 친구가 보통 보게 된다. 하지만 2부 여흥 사회는 전문적인 사회자가 보는 것이 분위기를 더욱 좋게 할 수 있다. 때에 따라서 국악인이 2부를 사회를 보면서 분위기를 고조시키는 방법도 있다.

3) 밴드

하객인원 50명 규모를 기준으로 하여 50명을 전후로 100명까지는 1인조 밴드를 주문하여도 진행상 어려움이 없다고 보여진다. 예를 들면 밴드가 2명 이상이 올 경우는 120명 정도 하객으로 예상 시에 바람직하다. 하지만 하객이 200명 이상 시에는 밴드 2~3인조와 국악인 2인이 바람직하며, 그 이상의 밴드는 비용이 많이 추가될 수 있다.

4) 국악인

국악인은 회갑연 진행상 전체적인 분위기를 잔칫집으로 이끌어가는 연출인으로 식전에 창을 하고 자녀들이 부모님께 절을 할 때 옆에서 전체적인 진행을 맡아 주는 엔터테이너이다. 또한 부모님과 일가 어른들을 즐겁게 하기 위해 가무와 창을 한다. 간혹 손님한테 많은 금품을 요구하는 일도 있는데, 연회담당자는 이러한 일이 발생하지 않도록 주의시켜야 한다.

5) 사진촬영

가족사진 촬영은 보통 원판 사진으로 주문하여 진행된다. 보통 그날의 주인공인 부모님 내외분 사진과 직계가족, 일가친척 순으로 촬영을 하는데, 행사가 시작되기 전 대략 1시간 전부터 촬영하는 것이 좋다. 식후에 사진촬영을 하는 경우에는 피곤한 모습으로 찍힐 수 있기 때문이다.

5. 회갑연 식순

다음 식순표는 호텔연회장에서 주로 진행되는 식순이다. 하지만 고객의 요청에 따라 식전에 가족사진을 편집하여 상영하기도 하고, 식중에 부모님께 감사의 편지 낭독, 직계가족의 가족송 등이 식순에 삽입되어 새롭게 연출될 수 있다.

① 개식사

사회자가 실내분위기를 정돈하고 개식을 알린다.

② 주빈입장 및 주빈약력 소개

주빈 입장할 때 축하객들은 모두 자리에 일어나 많은 박수를 치도록 한다. 이때 실내조명을 다운시키고 스포트라이트를 비춰 분위기를 고조시킨 후 주빈이 착석하면 실내조명을 켠다. 사회자 또는 주빈의 친구가 주빈의 본관, 생년월일부터 현재까지의 약력사항과 슬하의 자녀에 대해 자세히 소개하도록 한다. 이때 분위기에 맞추어 음악을 은은하게 틀어준다.

③ 가족대표 인사

주빈의 맏아들(아들이 없으면 맏사위 순)이 가족을 대표해서 참석해 주신 내빈께 감사의 인사를 드리도록 한다.

④ **가족소개**

가족대표 혹은 사회자가 가족들을 가족항렬에 따라 소개하도록 하며 호칭된 가족은 앉은 자리에서 일어나 내빈께 인사하거나, 주빈테이블 근처로 나와 공손히 내빈께 인사를 드리도록 한다.

⑤ **내빈대표 축사**

사전에 축사자를 선정해 부탁드리도록 한다. 보통 축사는 주빈의 가까운 친구들이 한다.

⑥ **헌화 또는 헌주**

직계자손 순으로 헌화 및 헌주를 할 수 있도록 돗자리 및 헌주상을 준비하며, 상석에는 퇴주잔을 준비해 둔다. 어린이나 노인들은 꽃을 드리며, 인원이 많을 경우에는 가족단위로 한꺼번에 할 수 있도록 한다. 이때 헌화로는 장미송이가 적합하며 헌주용 술은 정종이 알맞다.

⑦ **축가와 축주**

주빈의 생신을 위해 준비된 축가나 연주를 축주한다. 보통 자녀들이 다함께 합창을 하기도 하며 손자·손녀들이 연주를 하기도 한다.

⑧ **케이크 절단 및 축배**

주빈석 옆에 준비된 기념케이크를 커팅하는 순서로 촛불을 끄고 케이크를 커팅함과 동시에 내빈들은 축하의 박수를 칠 수 있도록 하고, 서비스 요원들은 준비된 샴페인을 알맞게 터뜨린다. 이때 축하음악이 연주된다면 분위기를 더욱 살릴 수 있다. 사회자는 내빈들이 모두 잔을 채우도록 안내멘트를 하고, 잔이 모두 준비된 것을 확인한 후 주빈 및 내빈 전체가 모두 자리에서 일어나 주빈의 만수무강을 비는 축배를 들도록 한다. 이때 팡파르가 연주되도록 해야 하며, 축배 제의자는 미리 선정될 수 있도록 한다. 축배의 순서가 끝나면 주빈은 내빈께 감사의 인사를 드리도록 한다.

⑨ **식사**

사회자는 내빈들이 식사를 할 수 있도록 알리며, 뷔페식일 경우는 식사방법을 안내해 주는 것도 좋다. 흥겨운 분위기 속에서 식사를 즐길 수 있도록 은은한 배경음악을 틀어주도록 한다.

⑩ **여흥**

내빈들의 식사가 어느 정도 끝날 즈음에 여흥으로 분위기를 유도하도록 한다.

⑪ **폐회**

▲ 부산 파라다이스 호텔 회갑연

제5절 | 기타 기념 및 장수 잔치

1. 회혼식

회혼례는 혼인하여 만 60년을 해로한 해의 결혼기념 예식을 말하며 회근례라고도 한다. 자녀도 많고 유복한 살림을 하면 부부가 처음 귀밑머리 풀 때를 생각하여 다시 신랑, 신부처럼 복장을 하고 자손들에게 축하를 받는다. 이 의식도 혼례에 준하나, 자손들이 헌주하고 권주가와 음식이 따르는 점은 회갑연과 비슷하다.

> **서양의 주요 결혼기념일**
>
> ① **지혼식** : 결혼 1주년 기념일
> ② **고혼식** : 2주년 기념일
> ③ **목혼식** : 5주년 기념일
> ④ **석혼식** : 10주년 기념일
> ⑤ **동혼식 또는 수정혼식** : 15주년 기념일
> ⑥ **도혼식** : 20주년 기념일
> ⑦ **은혼식** : 25주년 기념일
> ⑧ **진주혼식** : 30주년 기념일
> ⑨ **산호혼식** : 35주년 기념일
> ⑩ **홍옥혼식** : 45주년 기념일
> ⑪ **금혼식** : 50주년 기념일
> ⑫ **금강석혼식** : 75년 기념일(다이아몬드 든 기념품을 준다)

2. 진갑(進甲)

회갑 이듬해인 62세가 되는 생일에 회갑잔치 때처럼 음식을 차려 손님을 대접하고 부모를 기쁘게 해드리는 잔치다. 현대사회에서 진갑연은 회갑연이 약소하게 치러지는 관계로 소규모의 생일잔치로 치러지는 경우가 많다.

3. 칠순(七旬)

현대는 희학의 발전과 생활수준의 향상에 의한 평균수명이 연장되어 호텔에서의 회갑연은 소규모의 생일잔치로 뷔페식당이나 일반레스토랑에서 치러지면서 효도여행을 권하는 경향이 추세이고, 칠순잔치는 크게 하는 시대로 정착되고 있다. 칠순을 일명 고희(古稀)라고도 하는데, 이는 당나라 시인 두보의 시에 나오는 "인생 칠십 고래희(人生七十古來稀)"라는 문구에서 유래한 말로 옛날에는 70세가 되도록 사는 예가 그만큼 드물었음을 의미한다. 칠순연 진행은 회갑연과 동일하게 상차림과 여흥이 준비된다.

4. 기타 잔치

77세 희수연, 80세 팔순연, 88세 미수연, 99세 백수연, 100세 천수연이 있다. 절차는 회갑연과 동일하게 진행되며, 자녀의 경제적인 사정과 부모님의 건강상태에 따라서 행사의 규모와 진행여부가 결정된다.

제 **7** 장

호텔연회 기물의 이해

제**7**장 | 호텔연회 기물의 이해

1. 연회용 테이블

연회용 테이블은 일반 레스토랑에서 사용하는 테이블과는 다르다. 각양각색의 연회 행사를 치르며 연회장 공간을 효율적으로 사용하기 편리하게 수시로 다르게 배치할 수 있도록 제작되었다. 또한 연회용 테이블은 다리가 접힌다. 이동 사용의 편리성을 위해서이다. 그래서 "folding table"이라고도 칭한다. 여러 종류의 행사에 쓰이는 연회용 테이블의 종류와 사용법은 다음과 같다.

1) Round Table

(1) Round Table 42"

- Cake Table, Cocktail Reception 시 Side Table용
- Stacking Chair 사용할 때 4인용 식탁
- Arm Chair 사용할 때 2인용 식탁

(2) Round Table 54"

- Coffee Break Table, Cocktail Reception시 Side Table
- Stacking Chair 사용할 때 6인용 식탁
- Stacking Chair 사용할 때 10~12인용 식탁

(3) Round Table 60"

- Food Table, Coffee Table, Cocktail Reception시 Food Table
- 용도가 다양하며 좁은 공간에서 사용할 때 Stacking Chair 8~10인용 식탁
- Arm Chair 사용할 때 6인용 식탁

(4) Round Table 72"

- Food Table, Coffee Break Table, Cocktail Reception Table, 연회용

(5) Table Top

- 고객이 원탁을 요구하지만 고객 수가 많은 경우에는 합판으로 만든 Table Top을 사용한다.
- Table Top의 종류 : 210×210, 220×220(10~12인용), 240×240, 260×260(10~14인용), 280×280(12~16인용)

(6) Round Table 사용할 때 주의사항

- 테이블을 운반하기 전에 반드시 장갑을 착용한다.
- 테이블을 운반하면서 주위의 장애물을 살핀다. 벽, 모서리, 문짝들에 유의하며, 부딪쳐서 파손되는 일이 없도록 한다.
- 테이블을 펼 때 한 손으로 테이블이 넘어지는 것을 방지하며, 한 손으로 테이블 다리를 펴고 잠금쇠의 소리가 '딱' 하고 나면 테이블이 펴진 상태이다.

라운드 테이블

스태킹 체어

직사각형 테이블

세미나 테이블

스태킹 체어 카트

2) Rectangular Table

(1) Rectangular Table 60×30

- Food Table, Buffet Table, Ice Carving Table, Reception Table 등 용도가 다양하다.
- Stacking Chair나 Arm Chair 사용할 때 2인용 식탁

(2) Rectangular Table 72×30

- 용도는 60×30과 동일하다.
- Stacking Chair 사용할 때 3인용 식탁이며 Arm Chair 사용할 때 2인용 식탁이 된다.

(3) Meeting Table 60×18

(4) Rectangular Table 사용할 때 주의사항

- 테이블을 운반하기 전에 반드시 장갑을 착용한다.
- 테이블을 운반할 때 테이블 중심부분을 오른손으로 잡고 왼손은 테이블 앞부분을 살짝 들어 올려 주면서 움직인다.
- 많은 양의 테이블을 운반할 때에는 테이블 운반용 카트를 이용하여 운반하되, 벽이나 문짝기둥 등의 시설물에 유의한다.
- 테이블을 펼 때에는 테이블을 옆으로 누운 상태에서 오른쪽 다리를 펴고 잠금쇠의 소리가 '딱' 하고 난 다음 다리를 편다. 양쪽다리가 완전히 펴지면 양손으로 중심되는 부분을 들어 테이블을 정 위치에 놓는다.

3) 조립형 테이블

(1) Half Table(1/2)

Half Round 혹은 Halfmoon이라 부르며, 디럭스 행사 시 Rectangular Table을 사용할 때 양쪽에 붙여서 사용하기도 하고, 특히 Two(2) Line Buffet Table의 Set-up 시에는 양쪽에서 음식을 담을 수 있도록 사용하기도 한다.

(2) Crescent Table

코너를 연결할 때 혹은 Head Table과 연결할 때 사용된다. 특히 Cocktail Reception에서 기둥 등을 돌릴 때 사용되나, Table Close를 펼 때는 주의하여야 한다. 크로스를 펼 때 반드시 중간에 주름을 잡아, 크로스를 펴도 테이블 모양이 나오도록 해야 한다.

(3) Quarter Round Table(1/4)

Rectangular Table 연결할 때 모서리를 둥글게 할 수 있는 테이블

(4) Square Table

Rectangular TableSet-up 시 고객의 숫자가 홀수일 경우 사용하며, 그 외에도 Side, Project, Video 등 다양한 용도로 사용된다.

4) 테이블 관리요령

- 행사에 알맞은 테이블을 사용한다.
- 무리한 충격을 가하지 않도록 한다.
- 용도 외에는 절대 사용하지 않는다.
- 파손 시 즉시 수리하여 불량품이 되지 않도록 한다.
- Round Table은 똑바로 세워서 보관하며, 바닥에 카펫을 깔아 미끄럼을 방지한다.
- Rectangular Table도 똑바로 세워서 보관하며, 바닥에 카펫을 깔아 미끄럼을 방지한다.
- 타 부서에 대여 시에는 차용증을 꼭 받아 보관하며 테이블 고유번호를 적어둔다.

반원 테이블

초승달형 테이블

쿼터라운드 테이블

종류	규격	용도
대형 라운드 테이블 (large round table)	지름 : 183cm(72") 높이 : 75cm	스태킹 체어 사용 시 10~12인 식사용
중형 라운드 테이블 (middle round table)	지름 : 153cm(60") 높이 : 75cm	스태킹 체어 사용 시 8~10인 식사용 (암체어 사용 시 6인)
소형 라운드 테이블 (small round table)	지름 : 137cm(54") 높이 : 75cm	스태킹 체어 사용 시 6인 식사용 (암체어 사용 시 4인)
직사각형 테이블 (rectangular table)	75cm×153cm×75cm(H)	식사용, 등록 데스크 및 헤드 테이블
세미나 테이블 (semminar table)	55cm×150cm×75cm(H)	회의용
정사각형 테이블 (square table)	76cm×76cm×75cm(H)	사각 모서리를 처리할 때 사용
반원 테이블 (half round table)	153cm	사각형 테이블에서 타원형을 만들 때 사용하거나 벽에 붙여 음식이나 기물을 올려놓을 때 사용
초승달형 테이블 (crescent table)		칵테일 리셉션 등에서 음식을 배열할 때 쓰는 테이블
쿼터라운드 테이블 (quarter round table)		타원형 테이블로서 사각 모서리를 처리할 때 사용
스태킹 체어 (stacking chaie)		여러 개 겹쳐서 보관할 수 있는 의자
암 체어 (Arm chair)		팔걸이가 있는 의자

2. 연회용 의자

1) 의자의 종류

(1) 스타킹 체어

일반적인 연회행사 시 가장 많이 사용하는 의자로서 행사가 없을 때에는 겹쳐 쌓아서 보관할 수 있도록 만들어져 있다.

(2) 암 체어

팔걸이가 있는 의자를 말하며, 고급연회 또는 일반 연회의 Head Table에서 사용한다.

(3) 이지 체어

소파형의 안락한 의자를 말한다. 스테이지 위에 VIP석으로 사용된다.

2) 의자 취급요령

- 무리한 충격을 가하지 않는다.
- 용도 외에는 절대 사용하지 않는다.
- 흔들거리거나 발톱이 빠진 의자는 즉시 수리한다.
- 얼룩이 지거나 쿠션이 내려앉은 의자는 즉시 보수한다.
- 색이 변질되거나 쿠션이 내려앉은 의자는 즉시 보수한다.
- Stacking Chair는 10개씩 이상 쌓지 않는다.
- Arm Chair는 반드시 겨드랑이에 껴서 운반하며 끌거나 던지지 않는다.
- Easy Chair를 이용하여 취침하거나 발을 올려놓아서는 안 된다.

3. 연회용 리넨

1) 연회장 리넨류

리넨류는 면 종류의 이중직으로 물에 빨아 쓸 수 있는 제품이다. 특히 식탁용 리넨류는 비교적 고가품이므로 훼손이 되지 않도록 조심해서 취급하고 항상 깨끗하게 세탁·보관해서 사용하여야 한다.

연회장 영업상의 필요수량은 최소한 3배 이상(현재 사용 중, 현재 세탁 중, 영업 예비용)을 예상하여 신청한 다음 필요수량을 보급 받아 영업에 사용한다. 이와 같이 사용되는 품목 하나하나의 비용이 상품원가의 일부를 점유하고 있다는 것을 기억하고 깨끗이 보관하여 사용할 수 있도록 하며, 보다 원가를 절감하기 위하여 오랜 기간 사용할 수 있도록 잘 관리하여야 한다.

연회장에서 리넨류를 보다 효과적으로 사용하기 위하여 보관창고에 선반을 만들어 잘 세탁된 리넨류를 종류별로 구분하여 일정하게 보관해야 하며, 남용하는 일이 없어야 한다.

2) 연회장 리넨류 취급 시 주의사항

- Table Cloth는 항시 청결을 유지하고 용도 외에는 절대 사용하지 않으며, 구김이 많은 부분은 스프레이를 사용하여 구김을 편다. 또한 행사 종료 후에는 크로스 위에 오물을 털어 버린 후 차곡차곡 접어서 세탁소로 보낸다.
- Drape's는 사용 후 컬러별로 말아서 보관하며, 흠집이나 얼룩이 배인 것은 세탁하거나 수선하여 사용한다.
- Napkin과 Walter Towel은 고객의 입에 직접 닿기 때문에 위생적으로 보관하여 사용하도록 해야 하며, Napkin을 너무 많이 접어서 손때가 묻지 않도록 조심해서 다루어야 한다.

종류	규격(cm)	용도
테이블 클로스 (식사용)	210×210 245×245 270×270 230×280	소형 라운드 테이블용(칵테일 리셉션 테이블 등) 중형 라운드 테이블의 식사용 대형 라운드 테이블의 식사용 직사각형 테이블의 식사용
테이블 클로스 (회의용)	244×137	세미나 테이블에 사용하며, 녹색의 펠트(felt)로 되어 있다.
리너(runner)	vhrdms 20~30cm, 길이는 테이블 크로스와 동일	고급 정찬 테이블 중앙에 데코레이션을 위하여 까는 색 띠
천냅킨(napkin)	52×52	고객 식사용
드레이프스(drpes)	길이 : 다양 높이 : 75	헤드 테이블, 등록데스크 등의 앞면에 두르는 주름치마 형태로서 고객의 다리를 보이지 않도록 막아주는 역할을 한다. 일명 스커트(skirt)라고도 한다.
스태킹 체어 커버 (stacking chair cover)	의자의 크기에 맞게	고급 정찬 분위기를 위하여 스태킹 체어에 덮어 씌우는 커버

제2절 연회용 집기 및 비품

1. 일반 기자재

1) Platform(Portable Stage : 조립식 무대)

연회용 보유 장비 중 가장 사용빈도가 높은 장비 중의 하나이다. 특히 무겁고 사용방법이 복잡하므로 취급에 유의하여 안전사고 예방에 주의하여야 한다. 운반할 때는 반드시 2인 1개조로 편성하여 운반한다.

일반적으로 연회장에서 사용하는 조립식 무대는 높이를 조정할 수 있고, 보관이나 이동이 용이하도록 접을 수 있으며, 바퀴가 달려 있다. 조립식 무대의 크기는 각 호텔 연회장의 사정에 따라 다르지만, 대체적으로 다음과 같다.

① **넓이**(무대 표면적) : 240cm(가로)×120cm(세로)
② **조절가능 높이** : 20cm, 40cm, 60cm, 80cm, 110cm
③ **부품** : 스패너, 안전핀(높낮이 맞춤), 예비 바퀴

Platform의 용도

① 각종 연회 행사 시 Head Table 무대용
② Fashion Show 시 Cat Walk용
③ Special Event 시 무대용
④ 대형 Ice Carving Table
⑤ 조명 보조 테이블용(사람이 올라가 조종해야 할 경우)

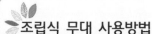

조립식 무대 사용방법

- Platform 사용방법 및 취급 시 주의사항
① 사용 전에 사용 용도에 적합한가 확인한 후에 사용한다.
② 취급 시 필히 2인 1개조로 편성한다.
③ 운반 시 꼭 붙잡고 1명은 앞에서, 1명은 뒤에서 당기며 운반한다.
④ 설치 장소에 도착하여 오른손은 밑을, 왼손은 위를 잡고 오른손으로 양쪽에서 힘껏 당긴다.
⑤ 펴있는 상태에서 높이를 조정하는데 1명은 들고, 1명은 핀을 갖고 원하는 높이에 맞춘다.
⑥ 높이가 맞으면 바퀴 제어장치를 당겨서 Platform이 움직이지 않도록 한다.
⑦ 수평이 맞지 않을 때에는 스패너를 사용하여 수평을 맞춘다.
⑧ 만일 운반 시 넘어지는 경우는 잡지 말고 옆으로 즉시 피한다.
⑨ 출장 연회 시 바퀴, 제어 핀, 스패너 등 부품 망실에 유의하여야 한다.
⑩ 출장 연회 시 비나 눈을 맞지 않도록 주의한다.
⑪ 조립식 무대 연결 시 테이프를 사용했다면 종료 후 깨끗이 떼어낸다.
⑫ 무대 위에 사용하는 카펫 및 무대용 계단은 맞는 것을 사용한다.

2) Dancing Floor

호텔 연회장 바닥은 카펫으로 되어 있기 때문에 Dancing을 해야 하는 경우 바닥이 미끄러운 재질로 제작된 Dancing Floor를 사용한다. 이와 같은 Dancing Floor는 조립식으로 되어 활용이 편리하도록 되어 있다. 사용방법을 정확히 익혀 설치 시 유념한다.

Dancing Floor의 제원

① **넓이** : 90cm(가로) × 90cm(세로)
② **용도** : 무도회, 무도대회, 각종 여흥행사 시 사용
③ **부품** : Trim(알루미늄제재), 볼트 조임핀

사용방법 및 취급 시 주의사항

① 장비취급 전 장갑을 착용한다.
② 필요면적을 산출하여 수량을 결정한다.
③ 운반 시 2인 1개조로 하여 Cart를 사용하여 운반한다.
④ 앞뒤를 구분하여 바닥에서 Dancing Floor를 조립한다.
⑤ Trim을 암수 구분하여 조립한다.
⑥ 볼트가 나오지 않게 꼭 조인다.
⑦ Dancing Floor 바닥에 흠집이 생기지 않도록 유의한다.
⑧ Dancing Floor를 다룰 때 조심해서 다룬다.
⑨ Trim이 분실되지 않도록 한다.
⑩ 사용 후 반드시 Cart에 넣어서 원위치에 보관한다.

3) Dry Ice Machine(Fog Machine)

각종 가족모임과 호텔 기획행사(디너쇼, 패션쇼 등) 때 분위기 연출을 위해 사용하는 기기가 Dry Ice Machine이다. 고급연회 행사를 위해 꼭 필요한 장비이므로 사용법을 숙지하여야 한다.

(1) 사용방법

① 약 15 l 정도의 깨끗한 물(더운 물)을 표준용량인 빨간 눈금이 있는 곳까지 넣는다.
② 5~10kg의 드라이아이스를 잘게 빻아서 넣는다.
③ 둥근 원형 분사 구를 위에 맞추고 양쪽에 있는 고리 4개를 모두 잠근다.
④ 드랩스(Drap's)

(2) 사용상 주의사항

① **과열방지**

과열이 되면 전원이 자동적으로 꺼지며 소리가 난다. 이때 온도조절장치 옆에 붙어 있는 빨간 버튼을 누르면 전원이 자동적으로 복구된다.

② 온도조절장치

적당한 온도는 75~85℃이며, 사용 후 반드시 Off 위치에 놓는다.

③ 더운 물 보급

물이 적어 중간에 물을 보급하고자 할 때에는 용량계 위에 있는 틈새로 주전자 등을 이용하여 물을 보급한다.

④ 이동 시 주의사항

전원 플러그를 감아 몸체 옆에 있는 고리에 걸고 분사판이 벽이나 기타 물체에 부딪치지 않도록 운반한다.

⑤ 사용 후 주의사항

사용 후 반드시 맨 밑에 있는 손잡이를 틀어 물을 완전히 빼고 Dry Ice 통을 꺼내서 깨끗이 청소한다. 분사구 등은 마른 수건으로 깨끗이 닦는다. 또한 사용치 않을 때는 전원코드를 뽑아 놓아야 수명이 단축되지 않는다.

4) 레드 카펫(Red Carpet)

* Red Carpet 취급요령

① 운반은 2인 1개조로 할 것
② 용도에 맞는 카펫을 사용할 것
③ 행사종료 후 청소를 하고 말아서 보관할 것
④ 말아서 보관시 양쪽 귀가 맞도록 감는다.

* 병풍의 사용방법 및 취급법

① 무리한 힘을 가하지 않는다.
② 운반 시 2명이 함께 운반한다.
③ 용도에 맞는 병풍을 사용한다.
④ 사용 후 반드시 제 위치에 갖다 놓는다.

⑤ Backside 등 지저분한 곳에 병풍설치를 하지 않는다.

⑥ 그림부분에 손을 대거나 구두를 신은 채로 발로 차지 않는다.

⑦ 병풍설치 시 연회장 중앙부분에 접은 상태로 가져다 놓고서 서서히 펼친다.

2. 시청각 기자재

현대의 연회행사는 과거에는 상상도 할 수 없었던 첨단과학의 산물인 각종 장비와 기자재들을 활용하여 효율성을 높이고 있다. 회의, 세미나, 워크숍, 연수회, 전시회 등 날로 다양화되어 가고 있는 연회행사에 있어 장비들은 필수적인 요소로 등장하게 된 것이다.

1) 빔 프로젝트(Overhead Projector)

컴퓨터를 연결해 사용하는 이 장비는 여러 프로젝터 중 가장 일반적으로 각종 행사에 많이 사용되고 있다. 장점은 작동방법이 간단하고 발표자가 직접 장비를 작동하면서 동시에 참석자들을 볼 수 있다는 점과 파워포인트 프로그램을 사용하여 맘대로 편집이 가능한 점이다.

2) 슬라이드 프로젝터(Slide Projector)

계획·보고형식의 모임에 가장 많이 사용되는 프로젝터로서 가장 흔한 모형은 35mm프로젝터이다. 이것은 2인치 크리 슬라이드 필름을 사용, 한번에 80개의 필름을 순서대로 상영할 수 있다. 작동방법은 기계에 부착되어 있는 스위치 또는 리모트 컨트롤(Remote Control) 장치를 사용하기 때문에 발표자에게는 작동이 편안한 장치이다. 또한 줌(Zoom)렌즈를 사용할 수 있기 때문에 화면을 확대하거나 축소해서 상영할 수 있는 장점이 있다.

3) 일렉트로닉 화이트보드(Electronic White Board)

이 기계는 화이트보드에 필기된 내용을 받아 적을 때의 불편함을 해소한 것으로 화이트보드에 적혀 있는 내용을 복사하는 기능이 있다. 그러므로 필기하느라 전체적인 회의의 내용을 이해 못하는 단점을 해소한 새로운 장비로 각광받고 있다.

4) 비디오(Video Tape Recorder : VTR)

미팅(Meeting)의 다양화를 가져 온 비디오기계는 여러 용도로 사용된다. 자회사의 홍보, 신상품의 소개, 교육 세미나 등에 사용가능하고 역화면(Play back)과 녹화가 가능하기 때문에 더욱 능률적이고 미팅을 효과적으로 진행할 수 있다. VTR에는 VHS방식과 Beta방식이 있는데, 최근에는 VHS방식을 많이 사용하는 추세이다.

5) Video Cameras & Meeting Recordings

연회행사나 중요 미팅 같은 경우 그 현장을 녹화해서 보관하는 경우가 흔해지고 있다. 비디오, 카메라, 즉 캠코더(Camcoder)를 사용해서 현장을 촬영한 후 VTR을 사용할 수 있는 간편한 방법이 생겼기 때문이다. 최근에 나온 캠코더들은 자동 줌렌즈(Zoom Lens)시스템, 자동조명장치 등으로  화질이 점점 좋아지고 있다. 연회행사 같은 경우는 기념으로 녹화하고 미팅녹화는 나중에 자료로서 활용이 가능하다는 점에서 그 상품의 가치가 크다.

6) Close Circuit Television(CCTV)

회의를 각 참가자의 객실에서도 할 수 있도록 케이블(유선)방송을 사용한 CCTV가 있다. 각 객실에 TV를 설치한 후 유선을 사용해서 객실에만 방영하는 장치로서 본 미팅의 시작에 앞서 기본안건 소개라든지 미팅이 끝난 후 마무리 및 다음날 행사일정의 소개 등 다양한 방법으로 사용되고 있다.

7) 마이크(Microphones)

(1) 핸드 마이크(Hand Microphones)

이것은 말 그대로 손에 잡고 사용하는 마이크이다. 보통 회의에서 발표자나 큰 연회행사 시 행사진행자가 많이 사용한다. 이것은 유선, 무선 두 가지로 되어 있다.

(2) 소형 마이크(Lavaliere Microphones)

이것은 옷깃이나 가슴에 착용하여 사용할 수 있도록 되어 있는 마이크이다. 따라서 발표자나 사용자가 마이크에 관계없이 자유롭게 행동할 수 있는 장점이 있다. 그러나 마이크의 성능은 핸드 마이크보다 떨어지기 때문에 수백 명이 참석하는 회의나 모임에는 부적합한 면도 있다.

(3) 무선 마이크(Wireless Microphones)

이것은 선이 없는 마이크로서 핸드 마이크와 소형 마이크 두 가지 종류에서도 이러한 마이크가 있다. 이 마이크는 발표자로 하여금 움직이는 데 자유를 주고 회의장 분위기를 더욱 부드럽게 해주는 데 큰 도움이 된다. 모든 무선마이크는 기본 FM Transmitter 방식으로 작동된다. 즉 트랜스미터를 마이크에 부착하거나 따로 허리에 부착해서 송신

을 통해 소리를 내는 것이다. 그러나 많은 발표자들은 이 무선 마이크를 싫어한다. 그 이유는 송신이 방해를 받으면 마이크 잡음이 심해지기 때문이다. 그러므로 이 마이크를 사용할 경우, 송신에 방해를 받지 않는 장소에서 사용하도록 해야 한다. 최근에는 이 분야의 기술이 많이 발전되어 잡음이 발생되지 않고 성능도 유선 마이크보다 뛰어난 마이크가 등장하여 많이 이용되고 있는 추세이다.

8) 연회행사와 컴퓨터

최근에는 회의 및 세미나 등의 연회행사에서 컴퓨터 사용이 부쩍 늘고 있다.

큰 전시회나 모임에서는 컴퓨터 프로젝터를 통한 회의진행도 많이 하고 있으며, 작은 사업회의 같은 경우는 퍼스널 컴퓨터를 사업계획 발표 같은 용도로도 많이 사용하고 있다. 가장 큰 단점이라면 시설비용이 많이 든다는 것이다. 그러나 미래를 감안한다면 각종 컴퓨터 기자재의 확보와 보충이 중요하고 서비스차원에서도 소홀히 해서는 안 될 것이다.

9) Audio Visual Equipment

① Simultaneous Translation-System, 유선 동시 통역기, Receiver, W/Head Phone

② Projector-Slide 35mm, Zppm Lens, Master Slide, Overhead, Mo-vie(8mm, 16mm, 35mm)

③ Screen-Large size(480*360cm), Medium size(240*190cm), Small size(180*170cm)

④ VTR-VHS, Wide Screen(72"), Monitor TV, Projection TV

⑤ Record-Cassette, Open reel, Open reel(4track)

⑥ Lighting-Laser Beam, Stop etc. Pin Spot, Laser Point

⑦ Microphone-Mike(Wire&Wireless), Delegate Mike, Pin Mike(Wire&Wireless)

3. 조명 기자재

고정적인 무대가 있는 연회장이나 회의실 같은 경우는 조명장치가 항상 완비되어 있다. 조명장치에도 여러 종류가 있기 때문에 그 용도 및 기능에 대해서 알아보자.

1) 에립소들 스포트(Ellipsoidal Spots)

이 조명장치는 무대의 앞부분을 비추어 주는 조명이다. 즉 무대와 관객이 가장 근접해 있는 무대의 앞에 설치되어 있는 조명을 말한다. 이들은 컬터 필터(Color Filter)를 사용해서 조명의 색깔을 바꿀 수 있도록 되어 있고 무대를 향해 천장으로부터 45° 각도로 비치도록 되어 있다. 또한 셔터(Shutter)라는 장치로 조명의 모양을 변화시킬 수 있는 기능도 갖추고 있다.

2) 프레스넬 스포트(Fresnel Spot)

이 조명장치는 무대를 전체적으로 비추어 주는 배경조명이다. 컬러필터 사용이 가능하며 조명의 크기를 렌즈를 사용해 자유롭게 바꿀 수 있다는 특징이 있다.

3) 플로드라이트(Floodlights)

이 장치는 사람보다는 물건을 비추는 데 사용되는 조명이다. 이 조명장치는 보통렌즈를 갖추지 않고 있지만 컬러필터 사용은 가능하다.

4) 펠로우 스포트(Follow Spots)

이장치는 발표자나 연기자에게 비추어지는 조명이다. 이 기계는 전문가가 다루어야 사용이 가능한데, 밝기의 조정이 가능하며 컬러필터도 사용할 수 있다.

보통 연회장이나 행사장의 맨 뒷부분에 설치되어 있기 때문에 빛의 강도(와트)가 강해야만 한다.

5) 특별 조명장치

특별 조명장치는 무대의 조명뿐만 아니라 행사장의 분위기나 무드를 조성할 수 있는 장치이다. 따라서 연회행사의 흥을 돋아주기 위해서는 다양한 특별 조명장치가 필요하다.

6) 조명조절장치

고정조명의 조절은 그 행사장이 잘 보이는 곳에 있는 음향기계실 또는 조명실 같은 곳에서 이루어진다. 특히 디머 컨트롤(Dimmer Control)이나 무대조명의 밸런스(Balance) 시스템의 작동은 행사의 성공여부를 결정하기 때문에 아무리 좋은 조명시설을 갖추고 있어도 그 장치를 자유자재로 다룰 수 있는 전문가가 없으면 아무 소용이 없는 것이다.

종류	용도
핀 스포트 라이트 (pin spot light)	아이스 카빙(ice carving) 등의 한 목적물에 고정시켜 사용하는 조명기구
통 핀 스포트 라이트 (long pin spot light)	주위를 어둡게 하고, 무대 위의 주인공을 중심으로 비춰주는 조명기구
보더 라이트 (border light)	무대 위의 천장에 둘러싸인 조명기구
호리존틀 라이트 (horizontal light)	무대 위쪽에 수평으로 연결된 조명기구
미러 볼 (mirror ball)	무대 뒤에서 돌아가는 공모양의 조명기구
스트로브 라이트 (strobe light)	섬광을 내는 조명기구
렉턴 (lectern)	실내에 소등을 하고 사회석의 포디엄 위에만 불을 밝히는 스탠드형의 전등

제3절 기타 소품 및 비품

1. 리셉션 기물 및 문구류

1) 연회용 Tray

연회용 Tray는 고객의 음료 및 식료를 서브하는 데 사용하는 중요한 용기이다. 따라서 항상 청결을 유지하고, 사용 후에는 비눗물로 깨끗이 닦아서 건조 후에 보관해야 한다. 연회장에서 주로 사용하는 쟁반의 종류는 재질과 모양에 따라 다음과 같은 것들이 있다.

Tray의 재질은 스테인리스 스틸(Stainless Steel), 플라스틱(Plastic), 실버 또는 양은(Silver)으로 되어있다.

2) 문구류

문구류는 방명록, 메모지, 볼펜, 문구함(필통), 투명 플라스틱 명패홀더 및 용지, 투명 플라스틱 명찰 및 용지, 개별메뉴 홀더 등이 있다.

고급정찬의 경우 미니메뉴라고 불리는 개별메뉴를 테이블 위에 서빙하는데 참석자들이 그것을 보면서 음식을 즐기기 위한 것이다. 미니메뉴는 일정한 양식의 종이에 제공될 메뉴를 프린트하여 홀더에 끼워 세팅한다.

2. 국기 게양법

1) 경축행사 등의 경우

국기의 깃 면을 늘여서 달고자 할 경우에는 아래 그림과 같이 깃 면 길이의 흰 부분만을 길게 하여 이괘가 왼쪽 위로 오도록 한다.

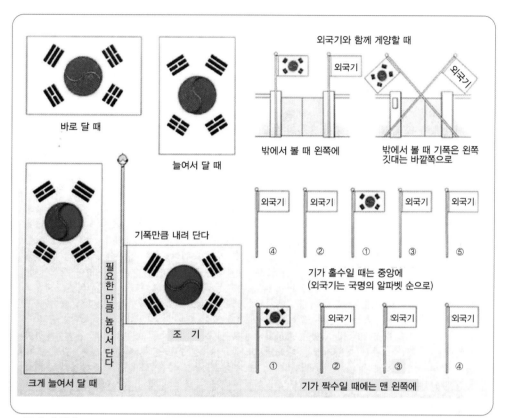

바로 달 때

늘여서 달 때

외국기와 함께 게양할 때

외국기

밖에서 볼 때 왼쪽에

외국기

밖에서 볼 때 기폭은 왼쪽 깃대는 바깥쪽으로

필요한 만큼 높여서 단다

크게 늘여서 달 때

기폭만큼 내려 단다

조 기

외국기	외국기		외국기	외국기
④	②	①	③	⑤

기가 홀수일 때는 중앙에
(외국기는 국명의 알파벳 순으로)

	외국기	외국기	외국기
①	②	③	④

기가 짝수일 때에는 맨 왼쪽에

▲ 국기 게양법

2) 경조일의 게양법

경축일에는 깃봉과 기폭 사이를 떼지 아니하고 게양하며 조의를 표할 때에는 반기로 한다. 반기는 기폭을 깃봉에서 기폭만큼 내려서 단다.

3) 하나의 태극기만을 게양하는 경우

식장을 향하여 왼편(문안에서 보아 오른편) 또는 중앙에 게양한다. 이미 고정적으로 시설된 게양대가 있을 경우에는 그 고정된 위치에 게양할 수 있다. 차량 기는 차량 안에서 보아 바른편에 달며 깃대의 높이는 차량 전면 높이보다 기폭만큼의 높이로 한다.

4) 두 개의 태극기를 게양하는 경우

좌우측에 따로 띄어서 병립시키거나 교차시킨다. 교차시킬 때에는 단상을 향하여 왼편의 국기(깃대 밑은 오른편)를 밖으로 한다.

5) 태극기와 외국 기를 같이 게양하는 경우

우리나라에서 태극기와 외국 기를 병용할 때에는 태극기를 최우선의 위치에 게양하는 것을 원칙으로 한다. 우선, 태극기와 외국 기 하나씩을 같이 게양할 때에는 좌우에 따로 띄어서 병립시키거나 교차시킨다. 병립시킬 때에는 태극기는 단상을 향하여 왼편에, 외국 기는 오른편에 각각 세운다. 교차시킬 때에는 태극기의 기폭은 단상을 향하여 왼편(문안에서 보아 오른편)에 오도록 하고 태극기의 깃대는 밖으로 한다. 태극기와 외국 기를 차량에 게양할 때에는 태극기는 차량 안에서 보아 오른편에, 외국 기는 왼편에 오도록 한다.

제4절 호텔연회의 장식

모든 연회는 목적과 성격에 따라 분위기에 알맞게 장식하여야 한다. 환경장식은 국제적인 공식연회라면 그 나라의 국기를 장식하여, 그 나라 사람들의 모럴(moral)과 프라이드(pride)를 심어 주어야 할 것이다. 환영만찬일 경우에는 환영아치를 세운다든가 국호를 써 붙인다든지 하고, 상공인들이라면 실적통계표나 포스터 등이 있을 것이다. 또한 약혼식에는 화사한 장미꽃과 청홍의 촛불장식을 하게 될 것이다. 이 밖에도 여러 가지 행사에 적합한 꽃꽂이 장식, 얼음조각장식, 인조정원 등 분위기에 맞는 장식은 연회에 참석한 고객들에게 보다 큰 만족감을 줄 수 있을 것이다. 그 밖에 피로연이라면 즐거운 분위기를 조성하고 신랑, 신부가 축하케이크를 자를 때는 불을 끄고 스포트라이트를 비쳐 준다든지, 사회자의 마이크로폰을 준비한다든지 하면 더욱더 행사의 분위기를 고조시킬 수 있을 것이다.

1. 꽃꽂이 장식(Flower Decoration)

1) 꽃꽂이의 개념과 구성

꽃꽂이는 자연 속에 피어 있는 꽃을 실내공간에 옮겨 자연의 전형적인 미를 인간이 창조하는 또 하나의 예술이라고 할 수 있다.

꽃꽂이는 선과 공간, 뭉치의 3차원적 예술이다. 이 세 가지 요소의 조화된 구성에 의하여 작품 속에 개성이 나타나게 되는 것이다. 작품에 따라서 박진감과 생각하는 여인상이나 소망을 비는 형상을 나타내기도 한다.

꽃꽂이는 사실적 꽃꽂이와 비사실적 꽃꽂이로 구분된다. 사실적 꽃꽂이란 선과 공간, 뭉치의 3요소를 중요시하는 전통적인 동양품의 예술이고, 비사실적 꽃꽂이는 색채와 형태, 질감의 3요소를 중요시하는 회화적이며 감상적인 서구예술의 기법이다. 꽃꽂이는 꽃는 사람에 따라 성격과 소양의 차이가 있기 때문에 똑같은 주제로 똑같은 형의 꽃을 꽂아도 작품은 각각 다르다.

2) 현대 꽃꽂이

현대 꽃꽂이의 특징은 자연의 꽃을 단순하게 화기에 옮기는 것이 아니고 공간과 선의 구성 및 색채감정을 강조하면서 미를 추구하는 데 있다. 따라서 현대 꽃꽂이는 작가의 개성과 미적 감정에 의하여 조형적인 미가 가미된 것이다. 그러므로 요즈음의 새로운 꽃꽂이는 선과 공간, 색채의 조화를 시도하여 미적 감정을 다양하게 표현한다.

3) 연회테이블용 꽃꽂이

꽃꽂이는 대개 Florist에 의해 장식되나, 플로리스트가 없는 호텔에서는 서비스요원이 이를 담당해야 한다. 이때 꽃꽂이는 너무 향기가 짙은 꽃은 사용하지 않으며, 너무 높이 장식하여 상대편 손님과의 대화에 장애가 되지 않도록 해야 한다.

2. 얼음조각(Ice Carving) 장식

1) 호텔 아이스 카빙의 유래와 의의

우리나라는 아이스 카빙을 지도하는 전문교육기관이나 이에 대하여 연구 개발하는 기관이 없기 때문에 그저 옛날부터 관심 있는 사람들(특히 호텔의 조리사)에 의해 전수되어 왔으며, 현재까지도 호텔의 조리사들에 의해 주로 그 기술이 전수되고 있는 실정이다. 미술대학의 조소전공자들이 참여하여 겨울철에 야외에서 얼음을 이용한 조각 작품전을 열기도 하지만, 호텔에서 필요한 아이스 카빙과는 상당한 거리가 있으며 이러한 행사마저 미미한 실정이다.

　호텔조리사들에 의해 구전되어 오는 설에 의하면 우리나라의 아이스 카빙은 1950년대 6·25전쟁이 끝난 후 경제부흥과 함께 호텔산업이 발달하면서부터 시작되었을 것으로 보인다. 또 한편으로는 경기도 동두천에 있는 미군부대를 통하여 전래되었을 것이라는 설도 있다. 어떻든 아직까지는 우리나라의 아이스 카빙에 대한 유래가 정확하게 규명되어 있지는 않다.

　아이스 카빙이 보급되던 초기에는 호텔의 조리사들이 조리업무와 겸직으로 아이스 카빙까지 담당하였으나, 연회의 현대화와 함께 아이스 카빙이 연회장식의 주축을 이루게 되는 변화와 다양한 요구에 의해 이제는 별도의 전문직으로 자리를 잡아 가고 있다. 그러나 아직까지도 이에 대해 전문적으로 연구하고 교육하는 아이스 카빙 전문기관이 없는 실정이다. 때문에 특급 호텔 조리부에 입사하여 일하면서 기술을 터득해야 하는 어려움으로 인하여 전문기술인력 양성에 어려움이 많다. 아이스 카빙이 우리나라에 보급된 지 40여년이 지난 88서울올림픽을 전후로 하여 서울권 각 호텔의 아이스 카빙 사들이 협회를 결성하여 보다 적극적으로 이 분야의 발전에 기여하고자 했다. 그러나 협회운영에 따르는 많은 경비의 조달과 협회운영 장소의 제한으로 지금은 정보를 교환하는 정도의 역할을 수행하면서 명맥을 이어가고 있는 실정이다. 더구나 회원수도 30~40명에 불과하고 지방회원은 거의 없다. 아이스 카빙이 현대 연회행사의 필수적 장식수단으로 등장하고 있다는 점에 비추어 본다면 이 분야의 전문 인력양성과 기술의 보급이 절실하다고 볼 수 있을 것이다.

2) 아이스 카빙의 예술성

　아이스 카빙은 얼음을 재료로 하여 작가의 상상력과 창의력 그리고 독특한 테크닉에 의해 완성되는 작품이다. 다양한 모양으로 연출된 투명한 얼음 작품에 총천연색의 조명이 비추어지고 서서히 녹아내리는 물방울과 어우러지게 되면 사람들로 하여금 신선감과 황홀감을 맛볼 수 있게 하여 준다. 특히 아이스 카빙은 사면이 벽으로 쌓여 답답한 느낌이 드는 연회장에서 행사에 참석한 모든 이에게 짜릿한 시원함을 느낄 수 있도록 해 준다는 데 큰 특징이 있다. 그래서 현대 호텔의 연회장에는 아이스 카빙이 장식의 감초 역할을 톡톡히 하고 있는 것이다. 다른 공예작품은 예술성과 함께 실용성의 유효한 기능도 많이 요구하지만, 아이스 카빙은 우아함과 시각적인 만족에 초점이 맞추어져 있는 것이 그 특징이다. 물론 실용성이 전혀 배제될 수는 없지만(간단한 그릇과 과기를 만들어 과일이나 음식을 담을 수도 있음) 아이스 카빙은 한시성을 지닌 작품이라는 점에서 사람들에게 일순간 짜릿한 감동을 줄 수 있는 예술성에 더욱 치중하는 것이라고 볼 수 있을 것이다.

작품모양에 의한 아이스 카빙의 종류는 다음과 같이 크게 3종류로 구분할 수 있다.

① **실물화** : 사실성에 입각하여 실물감을 연출한 작품

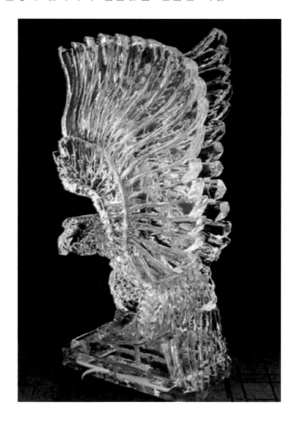

② **비구상화** : 선과 곡선을 이용하여 의미와 뜻을 추구한 작품

③ **응용화** : 작가가 뜻하는 바대로 새로운 디자인을 추구한 작품

3) 아이스 카빙공구의 종류와 유의사항

아이스 카빙을 위해 필요한 주요공구는 기계 톱, 얼음집게, 얼음운반용 카트, 얼음조 각도 등이다. 아이스 카빙 공구를 사용할 때 유의사항은 다음과 같다.

① 아이스 카빙 공구는 매우 위험하므로 세심하게 관리해야 하며 조심스럽게 다루어야 한다.

② 조각도의 관리는 세심한 주의가 필요하며, 특히 연마가 중요하다. 연마를 잘하기 위해서는 우선적으로 숫돌이 평면을 잘 이뤄야 한다. 숫돌이 평평하지 못하면 평 칼의 칼날이 반듯하게 연마를 할 수 없게 되어 평칼로서의 임무를 다할 수 없게 되기 때문이다. 바른 연마를 위한 기술습득이 아이스 카빙작가의 기본적인 요건 이라고 할 수도 있을 것이다.

③ 아무리 좋은 연마를 했더라도 관리를 소홀히 하여 칼날이 손상된다면 아무런 의 미가 없으므로 연마 또는 공구사용 후 보관관리에도 만전을 기해야 한다.

④ 아이스 카빙 작업 시에도 작업장 주위는 항상 깨끗하게 정리 정돈하여 공구에 손 상이 가지 않도록 세심한 주의를 기울여야 되고, 작업 중 얼음 속에 이물질이 없 는지 수시로 확인하여 칼날이 손상되지 않도록 조심해야 한다.

4) 아이스 카빙 작업방법

먼저 얼음의 특성부터 알아두어야 한다. 얼음은 차갑고, 무겁고, 미끄럽고, 깨어지며, 녹는다는 것이 그 특징이다. 이처럼 까다로운 점을 감안하여 작업 시에는 이를 다루는 기술과 요령, 그리고 어느 정도의 힘이 필요하다. 미끄럽고 차갑기 때문에 면장갑을 꼭 착용해야 하며, 무겁고 녹기 때문에 털 장화 및 안전화를 신어야 한다. 아이스 카빙 작 업순서는 다음과 같다.

① 행사요구서(Function Sheet)에 아이스 카빙에 대한 요구사항이 있으면 행사의 종류 와 특성에 따라 연회예약실과 협의하여 아이스 카빙 제작계획을 세운다. 행사 주 최 측이 요구한 특별한 모양이 있는 경우에는 먼저 종이를 이용하여 밑그림을 디 자인한다.

② 디자인한 밑그림을 얼음에 옮긴다. 이 때 얼음을 최대한 활용할 수 있도록 얼음크기를 잘 고려하여 밑그림을 옮겨 그려야 된다.

③ 얼음에 스케치한 후 기계톱(전동 톱)으로 필요 없는 부분을 쳐낸다. 이때 기계톱은 수직과 수평을 원칙으로 한다.

④ 형태에 맞는 조각도를 이용하여 전체적으로 조금씩 쳐내며 어느 정도의 윤곽을 잡아간다.

⑤ 점차 세밀한 부분까지 완성한 후 삼각도를 이용하여 마무리 터치 및 정리를 하여 완성한다.

⑥ 아이스 카빙 조각이 완성되면 물로 깨끗이 씻어낸 후 냉동 창고에 보관한다. 이때 쳐낸 얼음조각들이 붙어 있는 채로 냉동되지 않도록 해야 한다.

5) 연회행사장 설치 시 유의사항

① 아이스 카빙은 상당히 무거우므로 연회장에 장식할 때 그 무게를 지탱할 수 있을 정도의 받침대를 사용하여야 하며 받침대의 겉면은 테이블 크로스(Table Cloth)나 드랩스(Drape's)를 이용하여 깨끗하고 화려하게 정리하여야 한다.

② 아이스 카빙은 재료가 얼음이므로 상온에서 녹게 되어 있다. 따라서 녹아내리는 얼음물을 받아줄 수 있도록 아이스 카빙용 받침대를 사용하거나 고객용으로 사용이 불가능한 각종 크로스를 이용하여 물이 연회장 바닥으로 흘러내리지 않도록 조치하여야 한다.

③ 행사의 종류나 성격에 따라 적정한 위치에 설치될 수 있도록 연회지배인은 사전에 아이스 카빙사와 협의하여야 한다.

④ 아이스 카빙 장식이 효과를 더하기 위해서는 각종 조명기구를 활용하여야 한다. 조명기구를 이용하여 보다 더 환상적인 분위기를 연출하기 위해서는 조명기사와 협의하여야 한다.

⑤ 주최특과 협의하여 주최 측이 요구하는 대로 어렵사리 완성된 아이스 카빙이 설치과정에서 소홀히 다루어 깨지는 일이 없도록 조심하여야 한다.

제**8**장

연회판촉 및 세일즈

제1절 연회판촉의 개요
제2절 연회 세일즈

제8장 | 연회판촉 및 세일즈

1. 연회판촉의 개념

연회판촉은 연회행사를 유치하는 것이다. 연회상품의 판매증진에 효과적인 수단은 수준 높은 시설, 질 좋은 식음료와 함께 정성어린 서비스로 고객이 만족했을 때에만 가능할 것이다. 고객의 만족은 또다시 구전에 의해 발 없는 판촉수단이 되어 연회 판매량 증대에 기여하게 된다. 때문에 외부판촉활동과 더불어 내부고객관리에도 만전을 기하는 것이 중요하다.

연회상품의 가장 효과적인 판매촉진수단은 인적판매로써 주어진 거래선의 예상고객이나 단체에 방문을 통한 판매활동을 하는 것이다. 인적판매가 중요한 이유는

첫째, 광고 및 판매촉진, 홍보와 더불어 촉진믹스요소 중 가장 중요한 촉진수단의 하나라 하겠다. 대부분의 회사가 인적 판매를 중요한 판촉수단의 하나로 간주하고 있는 이유 중의 하나는 그의 신축성에 있다고 할 수 있다. 즉 광고, 판매촉진 및 기타의 촉진수단이 비인적 대량 커뮤니케이션에 의해 이루어지고 있는 반면에 인적판매는 인적·개별적 커뮤니케이션에 의존하고 있기 때문에 판매원은 각 고객의 욕구, 동기, 행동에 따를 판매제시(Sales Presentation)가 가능한 것이다. 더욱이 판매원은 특정의 판매제시

에 대한 고객의 반응을 직접 대면관계에서 관찰할 수 있기 때문에 그 반응에 따라 즉각적인 조정을 할 수가 있는 것이다.

둘째, 노력의 낭비를 최소화할 수 있다는 것이다. 즉, 광고비의 대부분은 메시지가 비잠재고객에게까지 송달되는 데 소요되지만 인적판매에서는 가장 유망한 표적 고객만을 대상으로 하기 때문에 비용의 절약이라는 점에서 보다 효과적일 수가 있다.

셋째, 다른 촉진수단이 고객들의 주의나 관심이라는 중간변수를 자극시킬 수 있음이 고작인데 반해 인적판매는 구매행동을 불러일으키거나 소유권 이전까지를 가능케 하는 것이다.

넷째, 판매원은 순수한 판매업무 이외에도 가령 고객신용, 고객태도, 회사에 대한 고객 불만들에 관한 정보를 제공해 줌으로써 회사의 고객서비스개선에 간접적으로 기여하고 있다.

판매촉진사원은 잠재고객의 명단수집 및 연회개최시기, 연회의 종류 등의 자료수집 및 이를 통한 효과적인 판매활동을 해야 한다. 또한 연회판촉과 연회예약은 상호 긴밀히 협조해야 할 필요성이 있다. 그래서 연회예약부서와 연회판촉팀은 같은 사무실을 쓰는 경우가 많으며 조직도 일원화되어 있는 호텔이 많다.

2. 연회판촉사원의 역할과 판촉방법

1) 연회판촉사원의 역할

연회판촉사원(BQ Sales Man)은 행사유치를 위하여 고객과 접촉하며, 고객이 필요로 하는 정보를 제공하고 연회 판촉에 필요로 하는 정보를 수집하고, 유·무형의 호텔상품을 판매하며, 거래선을 관리하고 고객에 대해서는 호텔을 대표하는 역할을 수행한다.

판촉사원(Sales Man)은 자신이 담당하는 거래선에 대하여 호텔 전반에 대해 소개하며 객실 Food & Beverage, 기타 상품을 판매한다. 특히 연회판촉은 시장조사 및 거래서 관리를 통해 정보를 모집하고 모집된 정보에 의해 행사를 추적 유치하며 행사 주최 측과 상세한 협의를 하여 좋은 행사가 이루어지도록 관계부서와 긴밀한 협조를 이루어야 한다. 이를 위해서는 보통 어떤 행사가 확정예약되기 전에 연회서비스(현장)지배인과 상의하여야 한다. 연회서비스지배인에게 해당행사에 대한 각종 정보를 수시로 알리고 변경사항이 생기는 경우도 서비스지배인이 행사준비를 원활히 할 수 있도록 미리 알려 주어야 한다.

행사가 진행되는 동안은 자신이 계약한 행사에 참석(Attend)하여 문제점을 처리하며 사후관리(After Care)를 하여 고객과 긴밀한 유대관계를 유지하도록 한다. 특히 판촉요원은 연회서비스지배인에게 고객을 소개해 주어야 한다. 그 이유는 연회장의 시설이나 연회에 필요한 식음료와 같은 사항들을 서비스지배인을 통해 자세히 알아야 하기 때문이다. 이런 방법으로 고객의 욕구를 최대한으로 충족시켜 주고 동시에 최고의 서비스를 제공할 수 있다. 또한 판촉담당자와 서비스지배인의 신속한 일처리와 협조는 단골고객의 수를 배가시킬 수 있을 것이다.

연회 판촉요원의 주요업무는 다음과 같다.

① 일일방문활동
② 일일방문계획서 작성
③ 주간 월간방문계획서 작성
④ 기존 거래선 관리 및 신규 거래선 개척
⑤ 연회행사 정보수집(고객들의 동태 및 행사계획에 대한 정보)
⑥ 매출목표 달성 대책 수립
⑦ 연회행사 계약체결
⑧ 고객관리(고객불편 사항 처리, 사후관리)
⑨ 행사 Follow up(계약한 행사에 참석)

2) 연회판촉의 방법

호텔상품이 불특정 다수에게 판매목표를 가지고 있기 때문에 각종 방법을 최대한 이용하여 고객에게 관심을 갖게 하여 구매의욕을 북돋아 줄 필요가 있다. 그러므로 판매촉진매체 중 어느 한 매체에 지나치게 의존하지 말고 보다 적극적인 자세로 여러 판매

매체를 이용하여 다양한 시장에 접근하여야 한다.

호텔 연회판촉의 방법으로는 다양한 매체를 이용하게 되는데 판촉매체별 특성과 장·단점은 다음과 같다.

첫째, 직접방문판촉은 항상 고객과 직접 상담하기 때문에 예약의 확률이 높고 고객에게 더욱 자세한 내용을 알릴 수 있는 반면 출장비용의 증가로 인한 예산의 문제와 시간이 많이 소비된다는 단점이 있다.

둘째, 전화를 이용한 연회판촉은 직접방문의 효과를 가지면서 출장비용도 절약된다. 또한 FAX와 연결되어 있으면 여러 인쇄물의 빠른 전달도 가능하다. 특히 고객의 질문사항이 있을 경우 편리하게 대응할 수 있다. 그러나 이 방법은 직접상담이 아니기 때문에 고객의 욕구를 정확히 파악하는 것은 어렵다. 따라서 고객확보가 직접방문판촉보다는 떨어진다.

셋째, 비디오, 우편을 통한 연회판촉은 시각효과를 가지고 우편을 통해 고객들에게 쉽게 전달할 수 있다. 비디오는 복사가 가능하기 때문에 넓은 용도로 사용될 수 있다. 그러나 이 방법은 처음 비디오를 편집할 때 드는 비용이 매우 크고 비디오를 받은 고객들이 VCR이 없으면 사용이 불가능하다는 단점이 있다.

넷째, 우편물을 통한 연회판촉은 고객이 필요로 하는 정보를 보낼 수 있으며 비디오제작과 배달보다는 예산비용이 적게 들어간다는 장점이 있는 반면 우편광고에 대한 고객의 관심도가 낮고 우편수송이 자주 지연되거나 누락되는 경우가 많아 판촉효과가 떨어진다는 단점이 있다.

다섯째, 잡지광고를 이용한 연회판촉은 다양한 층의 고객들에게 접근이 가능하다. 특히 무연과 관련된 잡지에 호텔연회에 대한 안내광고를 싣게 되면 고객들에게 널리 알릴 수 있는 장점이 있다. 하지만 잡지는 주간, 월간 식으로 발간되기 때문에 광고수명이 짧다. 즉 한 번보고 버려진다. 또한 고객들의 욕구를 1대1로 파악할 수 없기 때문에 잠재고객의 파악이 어렵다.

여섯째, 라디오광고를 이용한 연회판촉은 메시지를 음향효과로 강조할 수 있고 특정 고객층을 겨냥한 시간대를 선택해 광고가 가능하다는 장점이 있으나 광고수명이 짧고

단체고객의 유치가 어렵다는 단점이 있다.

일곱째, TV광고를 이용한 연회판촉은 음향효과와 시각효과가 동시에 가능하며 전체적인 이미지의 개선과 고객과의 거리를 접힐 수 있다는 장점이 있으나, 비용이 엄청나게 비싸며 광고 수명 또한 짧다는 단점이 있다. 특히 TV광고는 연회행사를 주관하는 고객들에게는 간접적인 판촉효과밖에 나지 않는다.

여덟째, PR광고를 이용한 연회판촉은 간접적인 광고로서 호텔 전체의 이미지를 개선시킬 수 있으며, 연회행사와 이벤트행사를 광고보다 강력하게 어필할 수 있는 특징이 있다. 반면 PR광고는 직접적으로 판매를 촉진시킬 수 없으며 광고비용이 비교적 비싼 편이다.

3. 연회판촉사원의 주요업무

판촉사원의 주된 업무는 방문판촉활동(Sales Call), 행사유치, Attend Service, After Care, 고객관리, 리포트 작성 등으로 구분할 수 있다.

1) 방문 판촉활동(Sales Call)

호텔의 판촉사원은 유형의 상품(객실 연회)과 무형의 상품(서비스)을 판매한다. 이같은 호텔상품을 판매하기 위해 판촉사원은 부단히 자기계발을 해야 한다.

효과적인 판매를 위해서는 사전에 치밀한 계획을 세우고 판촉활동에 필요한 모든 자료를 준비하도록 해야 한다.

우선 방문계획을 작성한다. 방문계획은 일일방문계획, 주간방문계획, 월별방문계획을 작성하여 방문 거래선에 관한 정보를 최대한 수집하여 분석하고 판촉을 진행하여야 한다.

2) 행사의 유치

연회의 판촉사원은 사전 정보입수가 행사 유치에 절대적으로 작용한다는 점을 인식하고 선정보 입수에 전력을 기울여야 한다.

행사를 유치하기 위해서는 이미 입수된 정보에 의해 행사 담당자와 접촉하는 동시에 결정권자가 누구인가를 파악하여 접촉할 수 있는 방법을 강구해야 한다.

결정권자의 동향, 출신학교, 경력 및 인맥 등은 결정권자에게 쉽게 접촉할 수 있는 방법이 되는 것으로 모든 방법을 동원하여 결정권자가 쉽게 결심할 수 있도록 총력을 기울여야 한다.

연회판촉사원이 행사를 유치하기 위해서는 고객으로부터 신뢰를 받을 수 있는 자세를 보이는 것이 무엇보다도 중요하며, 특히 어떠한 수단과 방법을 강구해서라도 꼭 유치하고야 말겠다는 강력한 신념과 목표의식을 가져야 한다.

3) Attend Service(Follow up Service)

연회판촉사원의 Attend는 중요한 업무 중의 하나로 주최 측에 대해 행사를 성공적으로 마칠 수 있도록 성의를 표시하는 것이다.

행사진행 중 발생하는 문제점이나 급히 발생하는 업무를 처리하기도 한다. 또한 새로운 정보를 획득할 수 있는 기회도 되며 평소 접하지 못했던 거래선의 경영자나 책임자도 자연스럽게 접촉할 수 있는 기회이며 차후 행사를 유치할 수 있는 계기도 된다.

행사가 시작되기 전에 주최 측의 담당자는 사전 점검을 한다. 따라서 연회 판촉사원은 주최 측의 행사장에 대한 점검이 있기 전에 자신이 유치한 행사가 Event order에 기록된 대로 관련부서(연회서비스과, 조리, 음향 등)에서 준비하고 있는지 체크할 필요가 있다.

행사주최 측 담당자가 오면 현장의 책임자(지배인)를 소개해서 행사에 차질이 없도록 한다. 연회판촉사원의 Attend는 또한 회사 내부의 관계부서 준비에 대해 확인 감독 및 견제의 역할도 있다.

연회판촉사원의 행사 전 점검사항은 다음과 같다.

- Food
- Beverage : Hard Drink, Soft Drink Glass 등

- Decoration : Flower, Ice Carving
- Menu Card
- Sign Board
- Seating Board
- Audio System : Mic, 녹음, BGM
- Lighting System
- Piano
- Table Plan

4) 사후관리

행사가 끝난 후 주최 측 회사에 답방하여 거래선을 관리하는 것은 판촉에서 대단히 중요한 일이다. 행사가 끝나고 1일 또는 2일 후에 행사가 있었던 거래선을 방문하여 행사 시 불편했던 사항이나 Complaint을 듣고 행사에 대한 감사를 표시하는 것이 바로 고객관리 After Care이다.

이것은 거래선 관리의 한 방법이며 고객으로부터의 차후행사를 유치할 수 있는 주요 동기를 부여하는 계기가 된다.

연회판촉사원의 After Care 방법으로는 다음과 같은 것이 있다.

- 연회판촉사원의 직접방문
- Thank you Letter 발송
- Thank you Phone Call(Happy Call)
- 관계있는 연락자를 이용하는 방법

제2절 연회 세일즈

1. 판촉계획수립

1) 판촉계획수립

판촉계획에는 중장기 판촉계획과(5년 이상)과 단기 판촉계획(연간 판촉계획) 그리고 원별·주별·일별 판촉계획이 있다. 보다 효율적인 판촉활동을 전개하기 위해서는 판촉활동에 대한 철저한 계획이 짜여져야 된다. 판촉활동은 활동 즉시 효과로 이어지는 것이 아니기 때문에 계획적으로 시행하지 않으면 나태해지기 마련이다. 따라서 판촉전략에 의한 충분한 토의과정을 거쳐 완성된 판촉계획이 필요하며, 이의 차질 없는 시행을 통하여 판촉효과를 증대시킬 수 있을 것이다.

특히 방문판촉활동은 계획이 중요하며, 계획대로 시행되도록 독려해야만 된다. 관리자는 판촉사원들의 방문판촉계획을 일별·주별·월별로 세분화 하여 제출하게 하고, 잘못된 점을 보완하여 시행될 수 있도록 해야 된다. 다음사항은 판촉계획을 수립하는 데 있어서 기본방안에 대한 사례이다.

판촉활동의 기본방안은 다음과 같다.

① 주차장 사용을 편리하게 개선하고 발렛 서비스(Valet Service)를 실시하여 좋은 환경을 제공하는 호텔로 인식시킨다.
② 교육계획에 의한 반복훈련을 실시하고 최선의 서비스를 제공하며 직원의 분기별 Good Service Contest를 실시하고 상품의 기획 및 특별행사일 기록유지 및 사은품을 제공하여 좋은 서비스를 하는 호텔로 인식시킨다.
③ 진귀한 음식메뉴와 타 경쟁 호텔보다 좋은 음식을 제공하여 좋은 음식과 음료수를 판매하는 호텔로 인식시킨다.
④ 탄력성이 있는 가격정책의 운용으로 타 경쟁사의 덤핑에서 이길 수 있는 좋은 가

격의 호텔이 되어야 한다.

⑤ 신규 경쟁사에 뒤지지 않는 새로운 프로젝트와 구매에서 판매까지의 원가관리의 합리화, 호텔이미지 부각, 지속적 성장을 위한 고객의 평판과 인식에 부합되는 좋은 경영을 하여야 한다.

2) 목표할당

인적자원 관리상의 목표는 대체로 매출액 목표, 이익목표, 비용목표, 활동목표로 구성된다. 이 중 매출액 목표를 설정하기 위해서는 우선 일정기간에 대한 판매예측이 수행되어야 한다. 판매예측을 위해서는 시장잠재력이나 판매 잠재력이 고려되어야 하는데, 시장잠재력이란 특정한 지역에서 일정한 조건 아래 제품계층의 모든 공급업자에 의해서 이루어질 수 있는 전체 매출액을 말하며, 판매 잠재력이란 위와 동일한 지역조건 아래서 특정한 기업이 달성할 수 있는 매출액을 말한다. 목표의 할당은 기업에 의해 설정된 목표를 판매원별, 지역별, 제품별, 고객별로 할당하는 일이다.

3) 연회판촉활동의 결산

판촉활동을 결산하는 것은 판촉활동에 대한 효과를 측정하여 판촉관리의 합리화를 당성하기 위해서 실시하는 것이다. 판촉계획에 의해 시행되었던 판촉활동과 관련되는 모든 사항, 즉 방문판촉활동 사항, 고객관리사항, 신규고객 개척사항, 연회 수주사항 등 연회판촉활동과 관련된 모든 사항을 망라한 결산보고서가 작성되어야 한다. 결산보고서도 연간·월간·주간에 따라 분류하여 작성하여 보고하도록 하는 것이 더 효과적이다.

또한 연회 수주량에 따른 실적관리를 MBO(Management by Objective) 방식에 의해 실시하였다면 관리자는 목표량을 초과 달성한 사원에게는 포상을 주고, 목표량을 미달한 실적을 올린 사원에게는 어느 정도 질책과 차후의 실적이 나아지도록 독려해야 한다.

2. 연회거래선 관리

거래선이라 함은 호텔에 연회행사를 제공하여 주는 거래처를 말하는데 연회행사의 주최자이기도하다. 호텔의 연회판촉부서에서는 거래선을 부문별로 세분화하여 시장의 특성에 적합한 마케팅전략을 구사하여 연회 매출증진에 힘써야 한다.

1) 연회거래선 분류기준 및 관리법

거래선 분류는 통상적으로 크게 정부, 지방자치단체, 관공서부문/국내단체부문/국내기업부문/외국인부문/가족모임/특별행사부문으로 많이 나누고 있으나 구체적으로 예를 들면 다음과 같다.

- 정부 및 관청
- 군 관계 및 일반기업체
- 학계 및 금융기관
- 사회단체
- 종교단체
- 여행사
- 제약회사 및 의학단체
- 여성단체 및 학술단체

2) 거래선 관리

거래선의 내용을 정확히 분석하여 현재 어떤 형태의 연회 등이 있는지를 파악하기 위하여 주기적으로 방문하는 등 긴밀한 유대관계를 강화함으로써 효율적인 거래선 관리와 판매증진을 기할 수 있다.

거래선 명부의 기재내용은 거래선의 경력과 거래현황, 경영자의 경력과 수완, 가족관계, 종업원 현황, 중요 간부직원의 인적 사항 및 교우관계, 경영상의 특징 등을 기록해야 한다.

이와 같은 거래선 명부는 거래상황의 기입에 의해 거래실적을 확인할 수 있으며, 매출확보 및 안전한 거래조건의 기초자료가 된다. 또한 거래선 명부를 활용하여 시장분석이 가능하며, DM발송과 신규 거래선 개척의 기초자료로도 활용이 가능하다는 데 큰 이점이 있다.

거래선은 기존 거래선 중 매출액 순위 100대 거래선을 따로 분류하여 중점적으로 관리해야 하며 경쟁호텔의 50대 거래선을 입수하여 전략 거래선으로 집중 공략해야 한다.

또한 기존 거래선은 심층 분석하고 관리하여 기존 거래선에서 발생되는 연회행사를 경쟁호텔에 빼앗기는 일이 없도록 해야 되며 신규 거래선 개척에도 심혈을 기울여야 한다.

3. 판촉회의

판촉회의는 새로운 정보사항을 교류하고 업무에 대한 준비 및 영업방침 수립, 문제점 해결을 위한 회의이다. 판촉회의를 통하여 시장관리, 정보관리, 거래선 관리 등을 보다 효율적으로 하게 되어 연회 매출증진을 꾀할 수 있다.

판촉회의는 부 단위 미팅과 과 단위 미팅 그리고 세일즈팀 단위의 미팅으로 나누며, 이러한 미팅은 1일 미팅, 주별 미팅, 월별 미팅으로 나누어 실시된다.

부 전체가 참석하는 회의는 호텔에 따라서 약간 차이는 있지만 주 2회 정도 실시한다. 과 단위 미팅은 과장 주재로서 연회예약과와 함께 전체회의를 실시한다. 예약팀과 판촉팀 간에 서로의 문제점을 토의하고 각자의 의견을 제시하도록 한다.

기간별 미팅으로는 먼저 1일 미팅이 있다. 1일 미팅은 세일즈맨은 각 팀별로 1일 판촉활동에 앞서 방문 판촉활동 계획서를 팀장에게 제출하여 최종점검을 받게 되며, 방문 판촉활동과 관련된 지시사항 및 복장점검 그리고 간략한 교육과 전날 방문판촉활동의 주요사항과 당일 판촉활동에 대한 주요사항에 대한 보고와 토의시간을 갖게 된다. 주별 미팅은 부서장 주관하에 팀별 일주간의 판매활동보고서를 작성하여 보고계통의 부서장에게 보고하며 부서장은 해당 주간의 보고서에 대한 분석과 다음 주별 중점 판촉활동에 대한 토의를 하게 된다. 마지막으로 월별 미팅으로 판촉부서장은 월간 판촉활동에 대한 전반적인 사항에 대한 보고서를 작성하여 상부 경영층 및 총지배인에게 보고하며 당월의 판촉계획서를 작성하여 경영층의 재가를 득한다. 또한 관련부서와의 업무협조관계에 대한 조정이 필요한 경우 미팅에서 협조를 구하게 된다.

4. 식음료 서비스 기획

국제회의에는 국내·외 각지에서 각계각층의 사람들이 참가한다. 이들 참가자에게는 회의 중 또는 전, 후에 행해지는 관광과 리셉션 등의 관련 행사가 큰 즐거움이자 참가 목적의 하나가 될 수 있다. 매력 있는 관련 행사의 기획은 참가자 증가의 관건이 될 수 있다. 그리고 컨벤션, 회의 혹은 박람회에 포함되는 식·음료 서비스의 횟수를 결정할 때는 전반적인 예산을 상기하고 있어야 한다. 예산 범위 내에서 일정에 대한 시간 제약, 개최시설의 능력, 참가자의 희망 등을 인식함으로써 참가자의 요구에 부합하는 식·음료 프로그램을 수립할 수 있다.

일단 식·음료 서비스의 횟수가 결정되면 그 종류가 선택된다. 식·음료 서비스의 종류로는 조찬, 오찬, 환영리셉션, 환송연, 리프레시먼트, 외부 이벤트, 환대스위트 등이 있다.

1) Coffee Break

회의 중간 참가자들이 음료수와 간식을 하면서 담소하는 휴식시간이 필요하며 프로그램 작성 시에 반드시 반영해야 한다. 행사의 형식을 따르지는 않으나 참가자, 발표자 간의 대화의 장으로서 중요한 역할을 한다. 오전, 오후 각 1회씩 개최하는 경우와 오후 1회만 개최하는 경우가 있는데 휴식시간은 1시간당 15~30분 정도를 할애하는 것이 좋다. 휴게실을 별도로 준비하거나 로비 등을 이용하는 경우가 많다.

2) 식사 / 리셉션

리셉션은 회의참가자 간의 친목을 깊게 하고 개최지 관계자와의 의견교환의 장이 되며 회의를 성공적으로 이끌어 가는 윤활유의 역할을 하게 된다. 대부분의 국제회의에서는 주최기관, 개최도시 등이 비용을 부담하여 참가자 무료초대에 의한 식사 / 리셉션을 개최하고 있으나 참가자로부터 회비를 받아 치러지는 경우도 있다. 식사 / 리셉션은 주최 측의 비용 부담여부에 관계없이 프로그램상에 반드시 그 시간이 반영되어야 하며, 리셉션의 종류나 수는 과거 회의의 관습에 따르는 것이 무난하다. 또한 해외 참가자들을 고려하여 한국적 분위기를 살려 특색 있게 연출하도록 한다.

리셉션은 공식행사이기 때문에 반드시 사전 홍보하고 프로그램에 기재하는 등 참가자에게 사전에 충분히 주지시켜야 한다. 특히 정식 리셉션의 경우는 반드시 초대장을 송부하여 참가여부를 확인할 필요가 있다.

또한 사무국에서는 공식행사와 비공식 사교행사 계획을 파악하여 행사시간이 중복되는 경우가 없도록 조정해야 한다. 경우에 따라서는 행사장까지 셔틀버스가 운행되어야 하며 동일한 성격의 리셉션이 연속되지 않도록 한다. 즉 대개 국내에서 개최되는 국제회의의 경우 비슷한 리셉션이 연속되어 참가자가 지루해 하는 경우가 많다는 점에서 사무국은 리셉션 형식이나 메뉴, 참가자의 자유시간이나 휴식을 고려하여 즐겁고 유익한 사교행사가 되도록 한다.

(1) 주최자별 식사 / 리셉션의 분류

① **공식적인 리셉션**(식사)

　　가. 회의 주최 국제기구와 조직위에서 주최하는 것

　　나. 관련 관청에서 주최하는 것

　　다. 지방자치단체에서 주최하는 것

② **행사를 후원하는 리셉션**(식사)

　　가. 관련 기업, 단체가 주최하는 것

　　나. 차기 주최국에서 주최하는 것 등이 있다.

(2) 식사 / 리셉션의 형식

① **정식만찬**(Dinner Party) : 격식에 따라 Formal, Semi-formal, Informal로 구별된다. 의례적으로 착석(Sit Down)하여 진행된다.

② **오찬**(Luncheon) : 주류는 좀 줄이고 회의장 내에서 행해지는 경우가 많다. 임원, 초대자 등 소수의 인원을 대상으로 한 리셉션에 주로 이용된다.

③ **뷔페**(Buffet) : 리셉션의 형식으로 가장 많이 행해진다. 회장 내의 이동이 자유롭고 부담 없이 환담을 즐길 수 있으며 주최자로서도 준비가 간편하다.

④ **칵테일**(Cocktail) : 음료가 중심이 되고 안주 정도의 가벼운 식사가 제공되는 파티로 통상 저녁 전에 개최된다. 격식은 없고 편안하게 퇴장이 가능하다.

🌿 연회서비스 체크리스트

(1) 식음료 부문

- 예상 참가규모가 얼마나 되는가?
- 예산은 얼마나 되는가?
- 행사의 목적은 무엇인가?
- 프로그램이 제공되는가?
- 식·음료가 어떻게 서빙될 것인가?
- 헤드테이블에 몇 개의 좌석이 필요한가?
- 헤드테이블과 일반테이블에 음식이 어떻게 서빙될 것인가?
- 식이요법이 필요한 참가자를 위해 특별관리가 필요한가?
- 식단에 어떠한 제약이 있는가?
- 음식의 일정부분이 미리 세팅될 것인가?
- 세금과 봉사료는 어떻게 계산될 것인가?

(2) 장식과 셋업 부문

- 행사의 테마가 무엇인가?
- 어떤 테이블보, 실버웨어, 그릇이 사용될 것인가?
- 각 테이블마다 몇 좌석이 필요한가?
- 헤드테이블과 뷔페테이블에 장식이 필요한가?
- 프로그램, 메뉴가 테이블, 의자 또는 입장하는 곳에 배치되어야 하는가?
- 국기가 게양될 것인가?
- 현수막이나 안내 표지판이 필요한가?
- 셋업 시간이 얼마나 소요되는가?
- 언제부터 입장이 가능한가?
- 무대나 단상에 카펫이 깔려야 하는가?
- 계단에 손잡이나 조명이 필요한가?

(3) 시청각 기자재 부문

- 헤드테이블이 연단에 높여야 하는가?
- 무대나 연설대가 필요한가?
- 어디에 놓여야 하는가?
- 마이크가 필요한가? 어떤 종류가 필요하고 어디에 설치되어야 하는가?
- 시청각 기자재가 필요한 발표가 있는가?
- 어떤 종류의 기자재가 필요한가?
- 음악이나 조명이 필요한가?
- 행사 동안 내내 필요한가?
- 어느 특정 시점에만 필요한가?
- 밴드 등의 쇼나 엔터테인먼트가 있을 것인가? 이를 위해 추가 무대 제작이 필요한가?
- 무대의 크기와 높이가 어떠한가?
- 리허설이 필요한가?
- 리허설은 언제 계획되었는가?

(4) 레이아웃 설정 시 체크사항

① 연회장의 크기를 정확히 파악

② 프로그램 및 메뉴를 사전에 확정

③ 연회에 필요한 장비의 크기를 숙지

④ VIP테이블의 결정

⑤ 참가자의 안전을 위한 소방 통로를 고려

⑥ 고객의 동선과 서비스 동선을 고려

⑦ Entertainment 및 시청각 기자재의 사용 유무

⑧ 연회장의 각종 시설물을 숙지

(5) 인력 배치

① 행사 인원에 맞는 직원의 배치

② Set Menu, Buffet, Cocktail 등에 따른 소요직원 산출

③ 행사 준비를 위한 관련 부서의 인력 배치 : 주방, 시설, 객실 정비, 음료 등

④ 업무의 분장 : Function Book Coordinator, Service, Person, Catering Manager

⑤ 준비에서 종료까지 문제 발생의 최소화

　　가. 음식의 부족

　　나. 예상 밖의 인원수 증가

　　다. 장비의 오작동

　　라. 장비 작동을 요청하는 고객

　　마. 안전사고, 화재경보

　　바. 출연진의 도착 지연 및 취소 등

제 **9** 장

호텔연회 직무매뉴얼

제9장 | 호텔연회 직무매뉴얼

1. HOW TO SERVE A CUP OF COFFEE IN A BANQUET

Materials

- A service tray(with clean tray cloth)
- Chinaware: a coffee cup and a saucer
- Silverware: a creamer and a sugar bowl, a coffee/tea pot

Duration of Session : 10-15 minutes

Introduction

I	Interest	Imagine, you are in a BU Hotel banquet room for a business lunch or for wedding events. The waiter serves you a flat cold coffee. How would you feel? 만약 여러분이 BU 호텔의 연회장에서 사업적인 미팅 또는 결혼식에 참여하고 있을 때 맛이 없고 식은 커피를 서브 받으셨다면, 기분이 어떠시겠습니까?
N	Need (why)	With specialty coffee bars sprouting up all over, an average guest has acquired a more discerning palate for this 'simple' beverage.At BU Hotel we have agreed to serve the best coffee in town – this is one of our Top 20. 스페셜티 커피숍이 활성화 되고 있는 요즘, 일반 고객들은 단순한 커피 한 잔에도 많은 기대를 갖고 있습니다. BU 호텔은 F & B Top 20의 일부분으로 에서 가장 신선하고 맛있는 커피를 제공하고 있습니다.

T	Task	Today, we will demonstrate "How to serve a cup of coffee in a Banquet" according to BU Hotel standards. 이 시간에는 BU 호텔의 스탠더드에 의거하여 연회장에서 커피를 서브하는 방법에 대하여 알아보도록 하겠습니다.
R	Range	This session will last for approximately 10-15 minutes. We will provide you with detailed explanations and clearly demonstrate how you are expected to perform this task. Each one of you will then have the opportunity to practice. Please write down your questions and we will be happy to answer any concerns at the end of the session. 본 수업은 10-15분 정도 소요될 예정이며 직무 수행에 관한 자세한 설명을 드릴 것입니다. 그 후, 여러분이 연습하실 수 있는 시간이 주어질 것이며 수업 마지막 부분에 질문을 받도록 하겠습니다.
O	Objective	By the end of this session, our objective is to ensure that you have learned "How to serve a cup of coffee in a Banquet" with confidence, and according to our defined standards. Any Questions? 이 수업의 목표는 여러분께서 자신 있게 정해진 스탠더드에 의거하여 연회장에서 커피를 서브하실 수 있도록 도와 드리는 것입니다. 질문 있으십니까?

Task: How to serve a cup of coffee in a Banquet 커피 서브하기 (연회장)   Job Title : Food &Beverage Employees

STEP	INVOLVEMENT	STANDARD
1. Prepare the equipment 준비물 확인하기	Q: What equipments do we need? 기물 준비:	• A service tray • A clean tray cloth (if necessary) • Chinaware: coffee cup and saucer • Silverware: creamer, sugar bowl, coffee/tea pot and tea spoon

	Q: What do we need to check when preparing the equipment? 기물 준비 시 점검해야 할 사항:	• Sparkling clean 청결한지 • Keep a good condition for a tray cloth 트레이 매트 상태 확인 • Free from chips and cracks 흠이나 금이 가지 않았는지 • Well polished 잘 손질되었는지 • The tray is clean, well polished 깨끗한 트레이 • If you are using a silver tray, ensure a good condition of the tray cloth that will be used 실버 트레이 사용 시, 트레이 매트 사용
2. Prepare a sugar bowl and milk 슈거 볼과 우유 준비하기	Q: What do we need to ensure? 확인해야 할 사항:	• Ensure the sugar bowl is clean and filled according to the set standards (White sugar 6ea, brown sugar 4ea, equal sugar 3ea) 슈거 볼 청결 상태와 내용물 확인 • Creamer is filled to 3/4 of the container with cold or hot milk 우유는 크리머의 3/4만큼 담는다.
3. Set up the tandard Function 일반 연회 준비하기	Q: How do we set up the standard function? 연회 준비:	• Coffee cup and Sugar Bowl are preseton center of the table 커피 컵과 슈거 볼을 미리 식탁 중앙에 놓는다. • Set up a creamer after main dish 메인 식사 후, 크리머를 셋 업 • Place a coffee cup directly above the show plate, and the dessert spoon & fork under the coffee cup in 6 o'clock 커피 컵은 쇼 플레이트 바로 앞, 디저트 스푼과 포크는 커피 컵 바로 아래 6시 방향에 놓는다. • Place Salt & Pepper above the coffee cup 소금과 후추: 커피 컵 위

		• Place a sugar bowl above the Salt & Pepper 슈거 볼: 소금과 후추 위 • The handle of the coffee cup is in 4 o'clock position 커피 컵의 손잡이: 4시 방향 • The coffee/tea spoon is positioned at 4o'clock 커피 스푼: 4시 방향
	Q: What do we need to say to the guest? 고객께 다가가서	"Excuse me Sir / Madam, would you prefer coffee or tea?" "실례합니다. 커피 또는 티 하시겠습니까?"
4. Set up the V.I.P & Wedding Function VIP & 웨딩 연회 준비하기	Q: How do we set up the V.I.P & Wedding function? VIP 행사 또는 웨딩 연회 준비:	• Pre-set only sugar bowl at the center of the table 슈거 볼: 식탁 중앙 • Set up a creamer after main dish 메인 식사 후, 크리머 셋 업 • After a dessert; Set up the coffee cup on the table 디저트 후, 커피 컵 셋 업 • Place the coffee cup on the right side of the dessert spoon in 3 o'clock 커피 컵은 디저트 스푼 옆 오른쪽에 • Approach the guest and ask them if they would prefer coffee or tea 고객 선호도 확인 (커피 또는 티?)
	Q: What do we need to say to the guest? 고객께 다가가서:	"Excuse me Sir / Madam, would you prefer coffee or tea?" "실례합니다. 커피 또는 티 하시겠습니까?"
5. Collect the coffee 커피 준비하기	Q: What do we need to check when collecting the coffee? 커피 준비 시 점검해야 할 사항:	• The coffee is fresh and hot 신선하고 따뜻한 커피
6. Approach the table	Q: How do we approach the table? 테이블로 다	• Smile as you really mean it 진심 어린 미소

테이블로 다가가기	가가기:	• The tray is well balanced 트레이 균형 잡기 • Walk at a steady pace 안정된 걸음걸이
7. Serve the coffee 커피 서브하기	Q: How do we serve the coffee? 커피 서브하기:	• Return to the pantry and collect a silver coffee pot & a silver tea pot 커피 또는 티폿 준비 • Pick up the requested pot; pour slowly and carefully into the guest' cup on the table 천천히 조심스럽게 따른다. • Offer the coffee or tea to the guest as per BU Standards BU의 스탠더드에 맞게 • Serve ladies first 여성 고객 먼저 • Serve from the right-hand side where possible 오른쪽에서 서브한다.
8. Leave the table 테이블을 떠나며 인사하기	Q: What do we need to say to the guest? 인사하기:	"Mr./Ms. Smith, enjoy your espresso." (Using the name of the coffee served) "카페 라떼 맛있게 드십시오." "즐거운 시간 되십시오."
	Q: What do we need to say when being thanked by the guest? 고객이 감사를 표시했을 때:	"It is my pleasure, Mr. /Ms. Smith." or "You are welcome." "감사합니다, 홍길동님."
		• Please pay special attention to replenish a guest's coffee when required! 세심한 주의를 기울여 필요시 커피 refill을 바로 해드린다.
Q. Any Questions?		

Checking the Standard

Question Technique:	Please remember : Pose, Pause, Person We begin questions with : Who, What, Where, When and How

Summary Statement:

We have now completed our training : "How to serve a cup of coffee in a banquet"

Do you have any questions?

Step 1	Q: What equipments do we need? Q: What do we need to check when preparing the equipment?
Step 2	Q: What do we need to ensure?
Step 3	Q: How do we set up the standard function?
Step 4	Q: How do we set up the V.I.P & wedding function? Q: What do we need to say to the guest?
Step 5	Q: What do we need to check when collecting the coffee?
Step 6	Q: How do we approach the table?
Step 7	Q: How do we serve the coffee?
Step 8	Q: What do we need to say to the guest? Q: What do we need to say when being thanked by the guest?

2. HOW TO PRESENT A BILL

Materials

Duration of Session : 15 minutes

Introduction

I	Interest	Imagine, after having a great result from a meeting at the business center, you are given a check impolitely from an employee. How would you feel? 만일 여러분께서 비즈니스 센터에서 성공적으로 회의를 마치신 후, 직원이 성의 없이 건네주는 계산서를 받으셨다면 기분이 어떠시겠습니까?
N	Need (why)	At BU Hotel it is necessary to present the check correctly to the guest so that the overall service given to him becomes a wonderful experience. BU 호텔은 올바른 방법으로 고객께 계산서를 드림으로써 서비스의 질을 향상시킵니다.
T	Task	Today, we will demonstrate "How to present a bill" according to BU Hotelstandards. 이 시간에는 BU 호텔의 스탠더드에 의거하여 고객께 계산서를 드리는 방법을 알아보도록 하겠습니다.
R	Range	This session will last for approximately 15 minutes. We will provide youwith detailed explanations and clearly demonstrate how you are expected to perform this task. Each one of you will then have the opportunity to practice. Please write down your questions and we will be happy to answer any concerns at the end of the session. 본 수업은 약 15분 정도 소요될 예정이며 직무 수행에 필요한 자세한 설명을 해드리겠습니다. 그 후, 여러분께서 연습하실 수 있는 시간이 주어질 것이며, 수업 마지막 부분에 질문을 받도록 하겠습니다.

O	Objective	By the end of this session, our objective is to ensure that you have learned "How to present a bill" with confidence, and according to our defined standards. Any Questions? 이 수업의 목표는 여러분께서 자신 있게 정해진 스탠더드에 의거하여 고객께 계산서를 드리실 수 있도록 도와드리는 것 입니다. 질문 있으십니까?

Task :   How to present a bill   **Job Title :**   Business Center Guest
계산서 드리기   Service Officer

STEP	INVOLVEMENT	STANDARD
1. Inform the rate 가격 알려 드리기	Q: What do we need to do before a guest uses a Business center? 비즈니스 센터 이용 전 고객께 알려드려야 할 내용:	• Give a correct information and the rate before a guest uses a Business center service 정확한 정보와 가격
2. Check the guest's satisfaction 고객의 만족도 확인하기	Q: What do we ask the guest after he uses a Business center? 비즈니스 센터 이용 후 고객께 여쭈어야 할 내용:	• Ask the guest's satisfaction 고객의 만족도 확인
		"How was your meeting, Mr. Smith?" "홍길동님, 미팅은 어떠셨습니까?"
		"How was your interview, Mr. Smith?" "홍길동님, 인터뷰는 어떠셨습니까?"
3. Present the bill 계산서 드리기	Q: How do we present the bill to the guest? 고객께 계산서를 드리는 방법:	• Reconfirm the used item 이용하신 내역 재확인 • Print the Bill and ensure it is legible 계산서가 선명하게 프린트 되었는지 확인

		• Ensure you have a BU Hotelpen BU 호텔펜 이용 • Present the Bill with both hands 두 손으로 공손히 드리기
		"May I ask you to check your bill?" "계산서를 확인해 주시겠습니까?"
4. Reconfirm the guest's name and the room number 고객의 성함과 객실 번호 재확인하기	Q: What do we need to check after getting theguest's signature? 고객의 서명을 받은 후 확인해야 할 사항	• A guest sometimes confuses their room number, confirm the guest's name 객실 번호/고객 성함 재확인
5. Give a receipt 영수증 드리기	Q: How do we give a receipt to the guest? 영수증 드리는 방법:	• Give a receipt with both hands 두 손으로 공손히 드린다. • If the guest dosen't want to take a receipt, then send it to the accounting department 고객이 원치 않을 시, 재경부로 보내기
6. Bid farewell 배웅하기	Q: How do we bid farewell? 배웅하는 방법:	• Smile as you really mean it 진심 어린 미소 • Use the guest's name 고객의 성함 부르기 • Thank the guest 감사 표시
		"Thank you very much, Mr. Smith. Have a pleasant day." "감사합니다, 홍길동님, 즐거운 하루 되십시오."
Q. Any questions?		

Checking the Standard

Question Technique:	Please remember : Pose, Pause, Person Questions begin with : Who, What, Where, When and How

Step 1	Q: What do we need to do before a guest uses a Business center? 비즈니스 센터 이용 전 고객께 알려드려야 할 내용:
Step 2	Q: What do we ask the guest after he uses a Business center? 비즈니스 센터 이용 후 고객께 여쭈어야 할 내용:
Step 3	Q: How do we present the bill to the guest? 고객께 계산서를 드리는 방법:
Step 4	Q: What do we need to check after getting the guest's signature? 고객의 서명을 받은 후 확인해야 할 사항:
Step 5	Q: How do we give a receipt to the guest? 영수증 드리는 방법:
Step 6	Q: How do we bid farewell? 배웅하는 방법:

3. HOW TO HANDLE MEETING ROOM RESERVATION

Materials

Duration of Session : 20 minutes

Introduction

I	Interest	You made a reservation at the business centre. Afterward you have changed your reservation time. However, the change was not correctly made and you are told that your reservation has been double-booked with another guest. How would you feel? 당신은 비즈니스 센터에 예약을 한 후 시간 변경을 하였습니다. 그러나 예약 변경이 제대로 되지 않아 직원으로부터 당신의 예약이 다른 고객의 예약과 더블 북 되었다는 이야기를 듣게 된다면 기분이 어떠시겠습니까?
N	Need (why)	At BU Hotel it is necessary to make meeting room reservation correctly so that the overall service given to him becomes a wonderful one. This is one of the Touches of Hyatt. We want every guest to feel the BU Touch! 미팅 룸 예약을 정확하게 받음으로써 고객이 누리시는 BU 호텔에서의 경험을 특별하게 만들어 드려야 합니다. 이것은 BU 터치의 하나입니다. 우리는 모든 고객들께서 BU 터치를 경험하시길 원합니다.
T	Task	Today, we will demonstrate "How to handle meeting room reservation" according to BU Hotelstandards. 이 시간에는 BU 호텔의 스탠더드에 의거하여 비즈니스센터에서 미팅 룸 예약 받는 방법에 대해서 알아보도록 하겠습니다.
R	Range	This session will last for approximately 20 minutes. We will provide you with detailed explanations and clearly demonstrate how you are expected to perform this task. Each one of you will then have the opportunity to practice.

		Please write down your questions and we will be happy to answer any concerns at the end of the session. 본 수업은 약 20분가량 소요될 예정이며 직무 수행에 필요한 자세한 설명을 해드리겠습니다. 그 후, 여러분께서 연습하실 수 있는 시간이 주어질 것이며, 수업 마지막 부분에 질문을 받도록 하겠습니다.
O	Objective	The objective of this session is to ensure that you have learned "How to handle meeting room reservation" with confidence, and according to our defined standards. Any Questions? 이 수업의 목표는 여러분께서 자신 있게 정해진 스탠더드에 의거 하여 비즈니스센터에서 미팅 룸 예약 받는 방법을 도와드리는 것입니다. 질문 있으십니까?

Task: How to handle meeting room reservation
미팅 룸 예약 받는 방법 **Job Title :** Business Center Guest Service Officer

STEP	INVOLVEMENT	STANDARD
1. Greet the caller 인사하기	Q: How do you greet the guest? 고객 맞이하는 방법은?	• Pick up the phone within 3 rings 전화벨이 3번 이상 울리기 전에 응답 • Smile as you really mean it 진심 어린 미소 • Speak clearly and slowly 천천히 또렷하게 말하기
2. Take the reservation 예약 받기	Q: What information do you obtain from the caller? 고객과 확인할 사항은?	• Date and Time of function 날짜와 시간 • Number of participants 인원수 • Name of caller, contact number, and E-mail address 고객의 성함과 연락처, 이메일

		• Address, zip code if possible 주소
		• Company name or other special words for signage '사인보드'를 위한 회사명 또는 그 외 문구
		• Room service order 음식 주문 여부
		• Equipments when necessary 필요한 회의장비/시설
3. Give the information 정보 전달하기	Q: What information do you offer to the caller? 고객께 알려드려야 할 사항은?	• Capacity of appropriate function room 회의실 정원
		• Location of Business Center 비즈니스 센터의 위치
		• Rental fee of function room per hour, tax information 임대 비용
		• Staff name for the caller's easy reference 직원 이름
		• Direct number of Business Center for future correspondence 비즈니스 센터 직통번호
4. Input data onto Delphi 델 파이에 입력 하기	Q: What information do you input onto Delphi? 델 파이 상의 입력 사항은?	• Input Contact person information 예약자 정보
		• Input Booking information 예약 정보
		• Input Detailed information 기타 필요한 내용
5. Reply to the caller 고객께 응답하기	Q: How do you reply to the caller? 예약 요청에 대한 응답 방법은?	• Reply to the caller by fax or email when requested 고객의 요청 시, 팩스 또는 이메일로 회신
6. Order from room service 룸 서비스 주문	Q: How do you order from room service? 룸 서비스 주문 방법은?	• If there is a room service order, call the Room Service to make a reservation 음식 주문이 있다면 미리 룸 서비스에 연락

		• Confirm with the Room service in advance one day 하루 전, 룸 서비스와 재확인 • If there is cancellation for the meeting room, let the Room Service know 예약취소가 있을 경우 바로 룸 서비스에 알림예약 취소가 있을 경우, 룸 서비스에 알린다.
	Q. Any questions?	

Checking the Standard

Question Technique:	Please remember : Pose, Pause, Person Questions begin with : Who, What, Where, When and How

Summary Statement:

We have now completed our training : "How to properly present a menu to a guest"

Do you have any questions?

Step 1	Q: How do you greet the guest? 고객 맞이하는 방법은?
Step 2	Q: What information do you obtain from the caller? 고객과 확인할 사항은?
Step 3	Q: What information do you offer to the caller? 고객께 알려드려야 할 사항은?
Step 4	Q: What information do you input onto Delphi? 델 파이 상의 입력 사항은?
Step 5	Q: How do you reply to the caller? 예약 요청에 대한 응답 방법은?
Step 6	Q: How do you order from room service? 룸 서비스 주문 방법은?

4. HOW TO ENQUIRE GUEST SATISFACTION WHILE SERVING

Materials

Duration of Session : 10-15 minutes

Introduction

I	Interest	Imagine, you have had a meal at one of BU Hotel's restaurants and you are not satisfied with the meal or the service. Would you appreciate it if somebody comes to you and checks your satisfaction? 만약 여러분이 BU 호텔의 음식과 서비스에 만족하지 않으셨을 때, 누군가 다가와서 여러분이 만족하고 계신지 확인했다면 더 낫지 않았을까요?
N	Need (why)	At BU Hotel we seek a continuous feedback to improve our quality of food and service and to keep the hotel abreast of guests' expectation. BU 호텔은 음식과 서비스 질의 향상과 고객의 기대를 충족시키기 위하여 지속적으로 고객의 의견을 듣길 원합니다.
T	Task	Today, we will demonstrate "How to enquire guest satisfaction while serving" according to BU Hotel standards. 이 시간에는 BU 호텔의 스탠더드에 의거하여 고객의 만족도를 확인하는 방법에 대하여 알아보도록 하겠습니다.
R	Range	This session will last for approximately 10-15 minutes. We will provide you with detailed explanations and clearly demonstrate how you are expected to perform this task. Each one of you will then have the opportunity to practice. Please write down your questions and we will be happy to answer any concerns at the end of the session. 본 수업은 10-15분 정도 소요될 예정이며 직무 수행에 관한 자세한 설명을 드릴 것입니다. 그 후, 여러분이 연습하실 수 있는 시간이 주어질 것이며 수업 마지막 부분에 질문을 받도록 하겠습니다.

O	Objective	By the end of this session, our objective is to ensure that you have learned "How to enquire guest satisfaction while serving" with confidence, and according to our defined standards. Any Questions? 이 수업의 목표는 여러분께서 자신 있게 정해진 스탠더드에 의거하여 고객의 만족도를 확인하실 수 있도록 도와 드리는 것입니다. 질문 있으십니까?

Task : How to enquire guest satisfaction while serving
고객 만족도 확인하기

Job Title: Food & Beverage Employees

STEP	INVOLVEMENT	STANDARD
1. Define Guest Satisfaction 고객 만족	Q: What does it mean? 고객 만족도 확인이란?	• To proactively check that your guest is having an enjoyable experience 고객이 필요한 것 또는 불편한 점은 없는지를 확인하기 위함
	Q: Why is it so important to check guest satisfaction? 왜 중요한가?	• To ensure your guest is enjoying the meal / drink 고객이 만족하고 있는지 확인 • To build a relationship between you and your guest 고객과의 친밀감 형성/강화
2. Approach the guest 고객에게 다가가기	Q: When do we approach the table? or (When do we check guest satisfaction?) 만족도를 확인하는 시점:	• Within 2 minutes of the guest having started the meal or finishing the meal every course 식사 시작 2분 후, 또는 각 코스를 마친 후

	Q: How do we approach the guest? 고객께 다가가는 방법:	• Smile as you really mean it 진심 어린 미소 • Maintain a good body posture 바른 자세 유지 • Always maintain an eye contact 시선을 마주치며
3. Check the guestsatisfaction 고객 만족 확인 하기	Q: How do we check guest satisfaction? 확인 방법	• Ask your guest if he / she is enjoying the meal or drink 질문을 통해 확인한다.
	Q: What do we need to say? 고객께 해야 할 말:	"Excuse me, Mr. /Ms. Smith. Are you enjoying your meal?" "실례합니다. 음식이 입에 맞으십니까?" "How is your steak?" "스테이크는 어떠십니까?" "Have you enjoyed your meal?" "How was your dinner, Sir?" "식사는 즐거우셨습니까?"
	Q: How can we recognize if a guest is unsatisfied? 고객이 불만족하신 것을 어떻게 알 수 있는가?	
	Q: How do we address a guest who is unsatisfied? 불만족하신 고객을 대하는 자세	• The guest is looking around the restaurant/bar for attention 주변을 두리번거릴 때 • The guest hasn't eaten the meal or consumed the drink 음식을 거의 드시지 않았을 때 • The guest has pushed the plate aside 식사 도중 음식 접시를 옆으로 밀어 두었을 때
	Q: What do we need to ensure? 주의 사항:	• Listen very carefully 정중히 경청 • Maintain an eye contact 시선을 마주친다 • Nod for understanding 고개를 끄덕여 공감을 표시

		• Wait until the guest has finished talking before we respond to the guest 변명하려고 하지 말고 고객의 말씀이 끝나실 때까지 기다린다.
4. Respond to the guest 고객에게 응답하기	Q: When we receive positive comments from the guest: 긍정적인 코멘트를 받았을 때:	• Thank the guest for their comments 감사를 표한다.
	Q: What do we need to say to the guest? 고객께 해야 할 말:	"Thank you very much for your compliments Mr. /Ms. Smith. I will pass them to the chef." "대단히 감사합니다. 주방장님께 꼭 전해드리겠습니다."
	Q: When our guest has been unsatisfied: 고객이 불만족스러우실 때:	• Apologize to the guest & thank him for the comments and inform your manager as soon as possible 고객께 우선 진심으로 사과 → 의견을 제시하여 주심에 먼저 감사 → 최대한 빨리 Action을 취하고 필요시 매니저에게 알린다.
	Q: What do we need to say to the guest? 고객께 해야 할 말:	"Please accept my apologies Mr. / Ms. Smith." "대단히 죄송합니다. 진심으로 사과의 말씀을 드립니다." "Mr. / Ms. Smith, I will replace your meal / drink immediately." "시간이 괜찮으시다면, 지금 즉시 다른 음식으로 준비 해드리겠습니다." "Mr. / Ms. Smith, I will inform my manager right away." "즉시 지배인님을 불러 드리겠습니다."

5. Leave the table 테이블 떠나며 인사하기	Q: How do we leave the table? 테이블을 떠나며:	• Leave the table with smile as you really mean it 진심 어린 밝은 미소
Q. Any Questions?		

Checking the Standard

Question Technique:	Please remember : Pose, Pause, Person We begin questions with :Who, What, Where, When and How

Summary Statement:

We have now completed our training : "How to enquire guest satisfaction while serving"

Do you have any questions?

Step 1	Q: What does it mean? Q: Why is it so important to check guest satisfaction?
Step 2	Q: When do we approach the table? Q: How do we approach the guest?
Step 3	Q: How do we check guest satisfaction? Q: What do we need to say? Q: How can we recognize if a guest is unsatisfied? Q: How do we address a guest who is unsatisfied? Q: What do we need to ensure?
Step 4	Q: When we receive positive comments from the guest: Q: What do we need to say to the guest? Q: When our guest has been unsatisfied: Q: What do we need to say to the guest?
Step 5	Q: How do we leave the table?

5. HOW TO PROPERLY PRESENT A MENU TO A GUEST

Materials

• A clean menu in a good condition

Duration of Session : 10 minutes

Introduction

I	Interest	Imagine, you are dining at one of BU Hotel's restaurants. You are visiting the restaurant with your important business partner. The waiter does not offer you the menu not does he ask for any aperitif drinks. How would you feel? 만약 여러분이 비즈니스 파트너와 BU 호텔에서 식사를 하시려고 할 때 직원이 메뉴를 가져오지 않고 음료도 권하지 않는다면, 기분이 어떠시겠습니까?
N	Need (why)	At BU Hotel we determine clear and logical standards of performance for all service related tasks based on the fundamentals of hospitality. It is exactly for this reason that we will make the entire service experience a memorable one. From the moment you enter one of our restaurants until you bid farewell. An important part of our consistently high level of service is the presentation of the menu- we have to perform this task in the correct manner to induce the guest to indulge more and more. BU 호텔은 모든 서비스 관련 직무 수행에 대하여 정확하고 분명한 스탠더드를 갖고 있습니다. 우리는 고객이 들어오실 때부터 나가시는 순간까지 최선을 다하여 고객이 만족하실 수 있도록 노력합니다. 또한, 우리는 고객께 올바르게 메뉴를 보여드리며 우리 호텔을 더 많이 이용하고 싶으시도록 노력합니다.
T	Task	Today, we will demonstrate "How to properly present a menu to a guest" according to BU Hotel standards. 이 시간에는 BU 호텔의 스탠더드에 의거하여 고객께 메뉴를 보여드리는 방법을 알아보도록 하겠습니다.

R	Range	This session will last for approximately 10 minutes. We will provide you with detailed explanations and clearly demonstrate how you are expected to perform this task. Each one of you will then have the opportunity to practice. Please write down your questions and we will be happy to answer any concerns at the end of the session. 본 수업은 약 10분 정도 소요될 예정이며 직무 수행에 관한 자세한 설명을 드릴 것입니다. 그 후, 여러분이 연습하실 수 있는 시간이 주어질 것이며 수업 마지막 부분에 질문을 받도록 하겠습니다.
O	Objective	By the end of this session, our objective is to ensure that you have learned "How to properly present a menu to a guest" with confidence, and according to our defined standards. Any Questions? 이 수업의 목표는 여러분께서 자신 있게 정해진 스탠더드에 의거하여 고객께 메뉴를 보여 드리실 수 있도록 도와 드리는 것입니다. 질문 있으십니까?

Task: How to properly present a menu to a guest
메뉴 보여드리기

Job Title : Food & Beverage Employees

STEP	INVOLVEMENT	STANDARD
1. Collect the menu 메뉴 준비하기	Q: What do we need to check? 사전 점검 사항:	• Make sure the menu / the wine list is clean and in a good condition 메뉴판 청결 상태 확인
	Q: Where do we collect the menu? 메뉴 비치 장소:	• From the side station or the reception desk 사이드 스테이션 또는 리셉션 데스크

2. Approach the table 테이블에 다가가기	Q: When is the right time to approach the table? 테이블로 다가가기:	• When the guest is escorted to a table and seated 고객이 자리로 안내 받은 후에 • Smile as you really mean it 진심 어린 미소를 짓고
	Q: How about a dessert menu? 디저트 메뉴 제시:	• After the main meal has been cleared and the table has been crumbed 주식이 끝난 후
	Q: What do we need to say to the guest? 고객께 해야 할 말:	"Excuse me, Mr./ Ms. Smith. Here is your menu and a wine list." "실례합니다. 고객님, 메뉴와 와인 리스트 준비해 드리겠습니다."
		"Excuse me, Mr./ Ms. Smith. Would you care for some dessert?" "실례합니다. 고객님, 디저트 메뉴 준비해 드리겠습니다."
3. Present the menu to the guest 고객에게 메뉴 제시하기	Q: How do we present the menu to the guest? 메뉴 제시 방법: Q: What do we need to ensure? 주의 사항: Q: What do we need to say to the guest? 고객께 해야 할 말:	• From the right hand side of the guest where possible 고객의 오른편에서 • Using your both hands 두 손으로 • Hotel Logo or Wording toward the guest 호텔의 로고가 고객을 향하게 • Ensure the menu is not presented upside down 상하 확인 • Open the menu for the guest 펼쳐서 드린다. • Present to the ladies first 여성 고객 먼저 • Clockwise direction (if possible) 시계 방향으로 • A good body posture 공손한 자세 유지

		• Maintain an eye contact 시선을 마주친다. • Leave with a warm smile after completing 진심 어린 미소를 띠고
		"Excuse me, Sir / Madam. This is our menu and a wine list." "실례합니다. 메뉴와 와인 리스트 준비해 드리겠습니다."
		"Mr./ Ms. Smith, this is our dessert menu." "디저트 메뉴 준비해 드리겠습니다."
Q. Any Questions?		

Checking the Standard

Question Technique:	Please remember : Pose, Pause, Person We begin questions with : Who, What, Where, When and How

Summary Statement:

We have now completed our training : "How to properly present a menu to a guest"

Do you have any questions?

Step 1	Q: What do we need to check? Q: Where do we collect the menu?
Step 2	Q: When is the right time to approach the table? Q: What do we need to say to the guest?
Step 3	Q: How do we present the menu to the guest? Q: What do we need to ensure? Q: What do we need to say to the guest?

6. HOW TO GREET AND WELCOME A GUEST ON ARRIVAL

AT AN OUTLET

Materials

• N/a

Duration of Session : 10 minutes

Introduction

I	**Interest**	Imagine that you are a regular guest at BU Hotel and you dine at the hotel frequently - at least once a week. You arrive at the entrance of the restaurant and you are not acknowledged or greeted in any way at all. How would you feel? 여러분은 BU 호텔의 충성 고객으로 최소한 일주일에 한 번은 호텔에서 식사를 합니다. 그러나 직원이 여러분을 알아보지 못하고 인사도 하지 않는다면, 기분이 어떠시겠습니까?
N	**Need (why)**	BU Hotel wishes to be known for a warm, gracious and efficient hospitality. It is therefore important to continuously recognise our customers, especially our repeat customers. Today, we will discuss the importance of taking care of a guest during each step of their dining experience. This starts from the moment of arrival when we greet and welcome our guest. BU 호텔은 친절하고 효율적인 서비스를 제공하며 우리의 고객, 특히 충성 고객을 알아보는 것이 매우 중요합니다. 우리는 고객이 식당에 들어오실 때 반갑게 환영하며 나가시는 순간까지 고객만족을 위하여 최선을 다합니다.
T	**Task**	Today, we will demonstrate "How to greet and welcome a guest on arrival at an outlet" according to BU Hotel standards. 이 시간에는 BU 호텔의 스탠더드에 의거하여 고객을 환영하는 방법에 대하여 알아보도록 하겠습니다.

R	Range	This session will last for approximately 10 minutes. We will provide you with detailed explanations and clearly demonstrate how you are expected to perform this task. Each one of you will then have the opportunity to practice. Please write down your questions and we will be happy to answer any concerns at the end of the session. 본 수업은 약 10분 정도 소요될 예정이며 직무 수행에 관한 자세한 설명을 드릴 것입니다. 그 후, 여러분이 연습하실 수 있는 시간이 주어질 것이며 수업 마지막 부분에 질문을 받도록 하겠습니다.
O	Objective	By the end of this session, our objective is to ensure that you have learned "How to greet and welcome a guest on arrival at an outlet" with confidence, and according to our defined standards. Any Questions? 이 수업의 목표는 여러분께서 자신 있게 정해진 스탠더드에 의거하여 고객을 환영하실 수 있도록 도와 드리는 것입니다. 질문 있으십니까?

Task: How to greet and welcome a guest on arrival at an outlet
고객 환영하기

Job Title: Food &Beverage Employees

STEP	INVOLVEMENT	STANDARD
1. Follow grooming standards 복장/용모 기준 준수하기	Q: How should we present ourselves? 복장/용모 점검:	Adhere to BU Hotel Grooming Standards : 호텔의 복장/용모 기준에 의거한다. • Complete, clean and well pressed uniform 잘 손질된 깨끗한 유니폼 • Check personal hygiene 개인위생 상태 • Polished shoes 잘 손질된 근무화 • Neat hair style 정돈된 머리

		• Stand at the entrance 레스토랑 입구에서 정중히 대기
2. Prepare to greet the guest 고객을 환영할 준비하기	Q: What would we consider about our body language when greeting a guest? 적절한 인사 자세:	• A genuine smile 진심 어린 미소 • A good body posture 공손하고 정중한 자세
	Q: How important is it to greet and welcome a guest? 고객 응대의 중요성:	• It is very important to create a good first impression with our guests 좋은 첫인상을 심을 수 있는 시점이기 때문에 • First impressions are lasting impressions 첫인상이 오래 기억됨
	Q: How do we stand up? 서 있는 자세:	• Male-The left hand placed on top of the right hand or stand straight 남자: 왼손을 오른손 위에 놓는다. / 바로 서 있는다. • Female-The right hand placed on top of the left hand 여자 : 오른손을 왼손 위에
3. Greet the guest 고객에게 인사하기	Q: How far away from us should a guest be before greeting them? 인사하는 위치: Remember! 기억해두세요! Q: What would we say to the guest? 고객께 해야 할 말:	• When the guest is about 3 meters away from you 고객의 3미터 앞 • Smile as you really mean it 진심 어린 미소 짓기 • Maintain a good eye contact 시선 마주치기 • Speak slowly and clearly 천천히 또렷하게 말하기 "Good morning / afternoon / evening, Sir / Madam. Welcome to_____ (using an outlet's name)." "안녕하십

	Q: Who needs to greet & welcome the guest? 환영해야 할 고객은?	니까? 파리스 그릴에 오신 것을 환영합니다."
		• everyone including all employees 모든 고객들!
4. Escort the guest to the table (for directions) 고객을 테이블로 안내하기	Q: What do we have to check first? 가장 먼저 확인해야 할 사항:	"Do you have a reservation Sir / Madam?" "예약하셨습니까?" "예약하신 분 성함을 말씀해 주시겠습니까?"
	Q: How do we assist a guest with directions? 테이블로 안내하기:	• An open palm gesture to indicate the direction 적당히 팔을 뻗어 방향을 안내 • A guest must be escorted when checked guest table 모든 고객을 테이블로 안내 • Smile and offer an assistance 진심 어린 미소와 더불어 도움을 제시 한다. • An open palm gesture to indicate the nearest ramp (if steps on the way)- Especially for the physically impaired guests and for the elderly guests 장애물을 확인해드린다. - 특히, 몸이 불편하신 분들을 위하여
		"This way please, Mr. Smith. I will escort you to your table." "홍길동님, 이쪽으로 오시겠습니까? 제가 테이블로 안내해 드리겠습니다."
Q. Any Questions?		

Checking the Standard

Question Technique:	Please remember : Pose, Pause, Person We begin questions with : Who, What, Where, When and How

Summary Statement:

We have now completed our training : "How to greet and welcome a guest on arrival at an outlet"

Do you have any questions?

Step 1	Q: How should we present ourselves? 복장/용모 점검:
Step 2	Q: What would we consider about our body language when greeting a guest? 적절한 인사 자세: Q: How important is it to greet and welcome a guest? 고객 응대의 중요성: Q: How do we stand up? 서 있는 자세:
Step 3	Q: How far away from us should a guest be before greeting them? 인사하는 위치: Q: What would we say to the guest? 고객께 해야 할 말: Q: Who needs to greet & welcome the guest? 환영해야 할 고객은?
Step 4	Q: What do we have to check first? 가장 먼저 확인해야 할 사항: Q: How do we assist a guest with directions? 테이블로 안내하기:

7. HOW TO BID FAREWELL

Materials

• N/a

Duration of Session : 10-15 minutes

Introduction

I	Interest	Imagine, you had an excellent meal at one of BU Hotel's Restaurants. However, there was nobody to see you off when you were leaving. How would you feel? 여러분은 BU 호텔에서 만족스럽게 식사를 마치셨습니다. 그러나 식당을 떠날 때 아무도 인사를 하지 않는다면, 기분이 어떠시겠습니까?
N	Need (why)	At BU Hotel we provide local and international guests with warm, gracious and efficient hospitality. To bid farewell is part of our personalised service at BU Hotel. BU 호텔은 지역과 국제 고객 모두에게 친절하고 효율적인 서비스를 제공합니다. 고객을 배웅하는 것은 우리의 개인적인 서비스 중 하나입니다.
T	Task	Today, we will demonstrate "How to bid Farewell" according to BU Hotel standards. 이 시간에는 BU 호텔의 스탠더드에 의거하여 고객을 배웅하는 방법을 알아보도록 하겠습니다.
R	Range	This session will last for approximately 10-15 minutes. We will provide you with detailed explanations and clearly demonstrate how you are expected to perform this task. Each one of you will then have the opportunity to practice. Please write down your questions and we will be happy to answer any concerns at the end of the session. 본 수업은 10-15분 정도 소요될 예정이며 직무 수행에 관한 자세한 설명을 드릴 것입니다. 그 후, 여러분이 연습하

		실 수 있는 시간이 주어질 것이며 수업 마지막 부분에 질문을 받도록 하겠습니다.
O	Objective	By the end of this session, our objective is to ensure that you have learned "How to bid Farewell" with confidence, and according to our defined standards. Any Questions? 이 수업의 목표는 여러분께서 자신 있게 정해진 스탠더드에 의거하여 고객을 배웅하실 수 있도록 도와 드리는 것입니다. 질문 있으십니까?

Task: How to bid Farewell
고객 배웅하기

Job Title: Food &Beverage Employees

STEP	INVOLVEMENT	STANDARD
1. Bid farewell 배웅하기	Q: What does it mean to bid farewell to a guest? 고객 배웅의 의미:	• To personally say goodbye to your guest as they are leaving your restaurant or bar 자신의 집을 방문한 고객을 환송하듯이 대한다.
	Q: Why is it so important to bid farewell to every guest? 고객 배웅의 중요성:	• To thank them for dining or drinking at your restaurant or bar 이용하여 주심에 대한 감사 표현
	Q: Who needs to bid farewell to a guest? 누가 고객을 배웅합니까?	• It will leave a positive lasting impression 좋은 인상을 남기기 위해
		• Everyone needs to bid farewell to our guests 모든 직원들이 고객을 따뜻하게 배웅한다.

2. The correct way to bid farewell 배웅 방법	Q: What is the correct way to bid farewell? 환송 방법: Q: What do we need to say to the guest? 고객께 해야 할 말:	• Speak clearly and with a friendly tone 또렷하고 정감 있는 목소리 • Smile as you really mean it 진심 어린 미소 • Maintain a good eye contact 시선을 마주친다. • A good body posture 공손한 자세
		"Thank you very much Mr. / Ms. Smith. Have a good evening". "Thank you very much Sir / Madam. Have a pleasant day." "감사합니다, 홍길동님. 좋은 저녁시간 되시길 바랍니다." "감사합니다, 홍길동님. 좋은 시간 되십시오." "Thank you very much, Mr. / Ms. Smith. I look forward to seeing you again soon!" "감사합니다, 홍길동님. 조만간 다시 뵙길 바랍니다."
3. The right time to bid farewell 배웅해야 하는 시점	Q: When do we need to bid farewell to a guest? 고객을 배웅해야 하는 시점:	• When the guest is leaving the table 고객이 테이블에서 일어설 때 • When the guest is walking towards the exit after settling the bill 출구로 나가실 때
4. Position yourself to bid farewell 배웅할 자세 갖추기	Q: Where do we bid farewell to a guest? 고객을 배웅하는 장소:	• At the table when leaving 테이블에서 • At the door of the restaurant or bar when leaving 출구에서
Q. Any Questions?		

Checking the Standard

Question Technique:	Please remember : Pose, Pause, Person We begin questions with : Who, What, Where, When and How

Summary Statement:

We have now completed our training : "How to bid Farewell"

Do you have any questions?

Step 1	Q: What does it mean to bid farewell to a guest? Q: Why is it so important to bid farewell to every guest? Q: Who needs to bid farewell to a guest?
Step 2	Q: What is the correct way to bid farewell? Q: What do we need to say to the guest?
Step 3	Q: When do we need to bid farewell to a guest?
Step 4	Q: Where do we bid farewell to the guest?

8. HOW TO TAKE A FOOD ORDER

Materials

• A BU Hotel pen in working condition
• Captain order

Duration of Session : 10-15 minutes

Introduction

I	Interest	Imagine, you are a guest at one of BU Hotel's Restaurants. A Waiter approaches your table and impatiently asks you to place your order, without writing it down. When the food arrives, it is not the food you had ordered. How would you feel? BU 호텔의 고객으로 레스토랑에 있다고 생각해 보십시오. 직원이 다가와서 급하게 주문을 받고, 또한 주문 내용을 적지도 않습니다. 음식이 나왔을 때, 주문한 음식과 다른 것이 있다면 어떤 느낌이겠습니까?
N	Need (why)	A very important aspect of service is that the order taker must completely understand the customers order prior to processing the food order. To ensure that the order is accurate, timely with no mistakes we repeat any order taken at BU Hotel. 서비스에서 매우 중요한 것 중의 하나가 고객의 주문을 받기 전에 고객을 완벽하게 이해하는 것이다. 때 맞추어서 정확하게 실수없이 주문을 받기 위하여 우리는 주문을 재확인 한다.
T	Task	Today, we will demonstrate "How to take a food order" according to BU Hotel standards. 이 시간에는 BU 호텔의 스탠더드에 의거하여 고객께 음식 주문 받는 방법에 대해 알아보도록 하겠습니다.
R	Range	This session will last for approximately 10-15 minutes. We will provide you with detailed explanations and clearly demonstrate how you are expected to perform this task. Each one of you will then have the opportunity to practice.

		Please write down your questions and we will be happy to answer any concerns at the end of the session. 본 수업은 약 10~15분 정도 소요될 예정이며 직무 수행에 관한 자세한 설명을 드릴 것입니다. 그 후, 여러분이 연습하실 수 있는 시간이 주어질 것이며 수업 마지막 부분에 질문을 받도록 하겠습니다.
O	Objective	By the end of this session, our objective is to ensure that you have learned "How to take a food order" with confidence, and according to our defined standards. Any Questions? 이 수업의 목표는 여러분께서 자신 있게 정해진 스탠더드에 의거하여 고객께 음식 주문을 받을 수 있도록 도와 드리는 것입니다. 질문 있으십니까?

Task: How to take a food order 음식 주문받기   **Job Title :** Food& Beverage Employees

STEP	INVOLVEMENT	STANDARD
1. Approach the table 테이블로 다가가기	Q: When is the right time to approach the table? 테이블로 다가가기 적당한 때	• Once the guest has had enough time to look at the menu 고객이 메뉴를 충분히 살펴 보신 후
	Q: How do we approach the guest? 고객께 다가가기	• Smile as you really mean it 진심 어린 미소를 띠고 • Establish good eye contact 시선 마주치기/아이컨텍 • Maintain good posture 바른 자세 유지하기 • Right hand side of the guest where possible 고객의 오른편

	Q: Which side of the guest should we take the order? 주문 받을 때의 위치	• Knowledgeable about a product 메뉴에 대한 지식
	Q: What do we need to ensure before order taking? 주문 받기 전 확인해야 할 것	• Plan what to sell 업 셀링 아이템을 미리 정함 • Plan how to sell 업 셀링 방법 숙지
2. Greet the guest 인사하기	Q: What do we need to say to the guest? 인사하기	"Good morning / Good afternoon / Good evening Mr. / Ms. Smith" "홍길동님, 안녕하십니까?" "Excuse me Mr. / Ms Smith, May I take your order?" "실례합니다, 홍길동님, 주문하시겠습니까?" "Excuse me Mr. / Ms Smith, are you ready to order?" "실례합니다, 홍길동님. 제가 주문을 받아 드릴까요?"
		• Use the guest' s name at all times 고객의 성함을 부른다. • Speak polite and clearly 공손하고 또렷하게 말한다.
3. Recommend special food 음식 추천	Q: What do we need to say to the guest? 주문 받기 - Positive remark 긍정적표현: Q: What do we have to recommend with meals?	"What would you like to start with?" "전채는 어떤 요리로 하시겠습니까?" "This evening we have fresh Caesar salad and smoked salmon or Halibut and Boston Lobster is very fresh arrived today." "오늘은 신선한 시저 샐러드와 훈제 연어가 있습니다."

	식사와 함께 추천해야 할 것	"광어와 보스턴 바닷가재도 아주 싱싱합니다."
	Q: What do we need to say to the guest? 해야 할 말	"May I recommend a Lobster Sashimi as a starter?" "바다가재 사시미를 추천해드리고 싶습니다."
	Q: Which sequence do we need to take an order? 주문 받는 순서	"It is very good." "It is very delicious." "It is one of our specialities." "Would you like to try it?" "아주 만족하실 것입니다." "저희의 스페셜티 입니다." "한 번 드셔 보시겠습니까?"
		• Beverages 음료
		"Would you like to have a bottle of French wine with your Lobster / Steak, Mr. / Ms. Smith?" (Using the wine name) "홍길동님, 주문하신 바닷가재와 함께 프렌치 와인은 곁들이시면 어떠시겠습니까? (와인의 이름을 사용한다)"
		• Ladies 여성고객 • Gentlemen 남성고객 • Host 주관자/호스트 • Speak clearly at all times 또렷하게 말한다.
4. Write down the order 주문 기록	Q: Where do we need to write the order? 주문 사항 기록	• On a captain order 캡틴 오더 • Date 날짜 • Table number 테이블 번호 • Number of persons 고객 수 • Seat numbers 자리 번호 • Waiter's name 웨이터 성명

	Q: What information do we need to record? 기록 내용 Q: How do we take the order? 주문 받는 방법	• Guest Order items 주문 사항 • Any special requests 특별주문 사항 • Listen carefully 경청한다. • Do not interrupt the guest 고객 말을 끊지 않는다. • Write the order clearly with any special request 특별 주문사항은 특히 더 정확하게 기록한다.
5. Repeat the order 주문 확인	Q: What do we need to say to the guest? 해야 할 말 Q: How do we repeat the order? 주문 확인	"Mr. / Ms Smith, May I repeat your order?" "홍길동님, 주문 확인해 드리겠습니다." • Speak slowly, clearly & politely when repeating the order back to the guest 천천히 또렷하고 공손하게 주문을 확인한다.
6. Leave the table 테이블 떠나기	Q: What do we need to say to the guest? 해야 할 말 Q: How do we leave the table? 테이블 떠나며	"Thank you very much Mr. / Ms Smith." "감사합니다, 홍길동님." • Smile as you really mean it 진심 어린 미소 • Maintaining good eye contact 시선 마주치기 • To ensure that you have recorded all the information correctly 모든 정보를 정확하게 기록하였는지 확인
Q. Any Questions?		

<u>Checking the Standard</u>

Question Technique:	Please remember : Pose, Pause, Person We begin questions with : Who, What, Where, When and How

Summary Statement:

We have now completed our training: "How to take a food order"

Do you have any questions?

Step 1	Q: When is the right time to approach the table? Q: How do we approach the guest? Q: Which side of the guest should we take the order? Q: What do we need to ensure before order taking?
Step 2	Q: How do we greet the guest? Q: What do we need to say to the guest?
Step 3	Q: What do we need to say to the guest? Q: What do we have to recommend with meals? Q: Which sequence do we need to take an order?
Step 4	Q: Where do we need to write the order? Q: What information do we need to record? Q: How do we take the order?
Step 5	Q: What do we need to say to the guest? Q: How do we repeat the order?
Step 6	Q: What do we need to say to the guest when leaving the table? Q: How do we leave the table?

9. HOW TO ESCORT A GUEST TO A TABLE

Materials

• Reservation list

• One menu

Duration of Session : 15 minutes

Introduction

I	Interest	Imagine, you have just arrived one of BU Hotel's restaurants. You have been greeted by the manager, who then pointed out your seat and told you to take care of yourself. What would you think about the service that you received? BU 호텔의 레스토랑에 도착을 하였습니다. 지배인이 인사를 하고 테이블을 가리키며 좌석으로 가라고 한다면 BU의 서비스에 대해 어떻게 생각하시겠습니까?
N	Need (why)	BU Hotel's restaurants and bars will be popular in Jeju. Renowned fortheir warm, gracious, efficient hospitality and simple, authentic cuisine. We must always follow BU Hotel standards when escorting our guests to the table and to ensure we maximise our restaurant capacities during all meal periods. BU 호텔의 레스토랑과 바는 평판이 좋습니다. 따뜻하고, 예의바르고, 효율적인 환대와 간결하면서 독특한 요리로 명성이 나 있습니다. 우리는 영업시간 중에 최대한의 고객을 모시기 위하여 BU 호텔의 스탠다드에 따라서 안내를 합니다.
T	Task	Today, we will demonstrate "How to escort a guest to a table" according to BU Hotel standards. 이 시간에는 BU 호텔의 스탠더드에 의거하여 고객을 테이블로 안내하는 방법에 대해 알아보도록 하겠습니다.
R	Range	This session will last for approximately 15 minutes. We will provide you with detailed explanations and clearly demonstrate how you are expected to perform this task.

		Each one of you will then have the opportunity to practice. Please write down your questions and we will be happy to answer any concerns at the end of the session. 본 수업은 약 15분 정도 소요될 예정이며 직무 수행에 관한 자세한 설명을 드릴 것입니다. 그 후, 여러분이 연습하실 수 있는 시간이 주어질 것이며 수업 마지막 부분에 질문을 받도록 하겠습니다.
O	Objective	By the end of this session, our objective is to ensure that you have learned "How to escort a guest to a table" with confidence, and according to our defined standards. Any Questions? 이 수업의 목표는 여러분께서 자신 있게 정해진 스탠더드에 의거하여 고객을 지정된 테이블로 안내할 수 있도록 도와드리는 것입니다. 질문 있으십니까?

Task : How to escort a guest to a table 테이블로 안내하기 **Job Title :** Food & Beverage Employees

STEP	INVOLVEMENT	STANDARD
1. Check the reservation list 예약 기록 확인	Q: What do we need to check when a guest arrives at the outlet? 고객이 레스토랑에 도착하셨을 때 Q: What do we need to ask if the guest has no reservation? 고객이 예약을 하지 않은 경우	"Good morning/afternoon/evening Sir / Madam, Do you have a reservation with us this morning?" "고객님, 안녕하십니까? 예약하셨습니까?" • Ask the guest if they have made a reservation 고객께 예약확인 "How many guests will there be in your party this morning / afternoon / evening Sir / Madame?" "동반하신 고객님은 몇 분이십니까?"

		• Ask the guest if they would like smoking or non smoking 흡연/금연 선호도 확인
		"Would you prefer a smoking, or non smoking table Sir / Madame?" "금연석을 원하십니까? 흡연석을 원하십니까?"
		• Ask the guest if they would like to sit inside the restaurant or on the terrace 실내 또는 야외 테라스 선호도 확인
		"Would you prefer to have a table on the terrace or inside our restaurant Sir / Madam?" "실내를 원하십니까? 야외를 원하십니까?"
2. Update floor plan 플로어 플랜 짜기	Q: How would we assign a table? 테이블 정하기	• Allocate a suitable table on the floor plan 적당한 테이블 정하기 • Depending on the number of guests in the party 고객 수에 따라서 • Smoking or non smoking section 흡연/금연 • Sitting inside and outside 실내/실외 • Single diners may be offered dining at the counter 혼자이신 고객께 카운터 자리 제안하기
3. Invite the guest to the table 고객을 테이블로 안내하기	Q: How would we direct a guest towards a table? 테이블로 안내하기 Q: What would we say to a guest when escorting	• Using an open palm gesture 손을 펼쳐 안내
		"This way please, Sir / Madam." "고객님, 이쪽으로 오시겠습니까?"
		• No more than 1 meter ahead 1미터 정도 앞서서

	them to their table? 안내하며 해야 할 말	• Do not walk fast 천천히 걷기
	Q: What would we consider about the distance and speed when escorting the guest? 안내 시 적절한 거리와 속도	
4. Escort the guest 테이블로 안내하기	Q: Why do we walk at a steady pace? 천천히 걸어야 하는 이유	• Ensure guests are following you 고객이 잘 따라오실 수 있도록
	Q: What safety issues should we be aware of when escorting a guest? 유념해야 할 안전사항	• Indicate any steps or slippery surface to the guest 계단 또는 미끄러운 곳을 알림
	Q: What do we need to say to the guest?	"Please mind the step, Sir /Madam." "고객님, 계단 조심하십시오."
5. Seat the guest 착석	Q: What gesture of courtesy should we show a guest when seating them? 고객께 착석을 권유하기	• Pull the chair out from the table for your guest to be seated 의자를 꺼낸다. • Push the chair in carefully once the guest is seated 고객이 앉으실 때 의자를 조심히 밀어 넣어드린다. • Ladies first 여성 고객 먼저 • Respect elderly guests 연장자를 존중한다.
6. Unfold the napkin 냅킨 펼치기	Q: How do we unfold the napkin? 냅킨 펼치기 Q: How do we place the napkin? 냅킨 펼쳐 드리기	• Unfold the napkin from the right hand side of the guest 고객의 오른편에서

		• In one smooth action place the napkin gently on the guest's lap 자연스럽게 고객의 무릎 위에 놓기 • Ladies first 여성고객 먼저
7. Present the menu & wine list 메뉴와 와인 메뉴 전달	Q: Whom do we present the menu to first? 메뉴 보여 드리기	• Approach guest from the right hand side where possible 고객의 오른편에서 • Present open menu to the guest to view 메뉴를 펼쳐서 보여 드리기 • Ladies first 여성고객 먼저
8. Leave the table 테이블 떠나기	Q: Why is important to give a final salutation to the guests? 인사의 중요성	• Leave the table politely and with a warm smile using the BU Hotel standard phrase 스탠더드에 의거하여 정중하게 미소를 지으며 테이블을 떠난다.
		"Mr. / Ms. Smith, I hope you enjoy your evening, your waiter will be with you in a moment" "홍길동님, 즐거운 저녁 되십시오." "I will be back shortly to take your order." "잠시 후에 주문 받아 드리겠습니다."
Q. Any Questions?		

Checking the Standard

Question Technique:	Please remember : Pose, Pause, Person We begin questions with : Who, What, Where, When and How

Summary Statement:

We have now completed our training : "How to escort a guest to a table"

Do you have any questions?

Step 1	Q: What do we need to check when a guest arrives to the outlet? Q: In the situation where the guest has no reservation, what do we need to ask?
Step 2	Q: How would we assign a table?
Step 3	Q: How would we direct a guest towards a table? Q: What would we say to a guest when escorting them to their table?
Step 4	Q: What would we consider about the distance and speed we do escort the guest at? Q: What safety issues should we be aware of when escorting a guest? Q: What do we need to say to the guest?
Step 5	Q: What gesture of courtesy should we show a guest when seating them? Q: Whom do we seat first?
Step 6	Q: Whom do we present the menu to first?
Step 7	Q: From what side do we unfold the napkin? Q: How do we place the napkin?
Step 8	Q: Why is important to give a final salutation to the guests?

10. HOW TO PROMOTED DAILY SPECIALTY

Materials

• N/A

Duration of Session : 10 minutes

Introduction

I	Interest	Imagine you are a Guest dining in one of BU Hotel's restaurants and you ask a waiter to recommend a daily special. Due to a lack of training, the waiter doesn't have the product knowledgeand cannot recommend any items. How would you feel? BU 호텔의 레스토랑에서 식사를 하기 위하여 직원에게 오늘의 메뉴를 추천해 달라고 하였습니다. 훈련이 덜 된 직원이 메뉴에 대해 잘 몰라서 추천해 줄 수 없었다면 기분이 어떻겠습니까?
N	Need (why)	At BU Hotel we determine clear and logical task breakdowns for all service related tasks. The basics of our task breakdowns are complete product knowledge of all food, beverage and other hotel services. Trained Food & Beverage employees who can suggest our high quality Food and Beverage product will ensure a fantastic dining experience for our guests. BU 호텔은 모든 서비스 관련 업무를 명확하고 논리적으로 결정합니다. 직무 분석의 기본은 모든 식음료 및 호텔 서비스에 대한 지식입니다. 고급 음식 및 음료를 추천할 수 있는 훈련된 식음료 직원으로 말미암아 우리 고객들은 환상적인 경험을 할 수 있습니다.
T	Task	Today, we will demonstrate "How to promote daily specialty" according to BU Hotel standards. 이 시간에는 BU 호텔의 스탠다드에 의거하여 오늘의 메뉴를 추천하는 방법에 대해 알아보도록 하겠습니다.

R	Range	This session will last for approximately 20minutes. We will provide you with detailed explanations and clearly demonstrate how you are expected to perform this task. Each one of you will then have the opportunity to practice. Please write down your questions and we will be happy to answer any concerns at the end of the session. 본 수업은 약 20분 정도 소요될 예정이며 직무 수행에 관한 자세한 설명을 드릴 것입니다. 그 후, 여러분이 연습하실 수 있는 시간이 주어질 것이며 수업 마지막 부분에 질문을 받도록 하겠습니다.
O	Objective	By the end of this session, our objective is to ensure that you have learned "How to promote daily specialty" with confidence, according to our defined standards. Any Questions? 이 수업의 목표는 BU 스탠더드에 의거하여 오늘의 메뉴 추천하는 방법을 터득하는 것입니다. 질문 있으십니까?

Task :   How to promote daily specialty   **Job Title :**   Food & Beverage
오늘의 메뉴 추천하기   Employees

STEP	INVOLVEMENT	STANDARD
1. Daily specials 오늘의 메뉴	Q: What is a daily special? 오늘의 메뉴란? Q: Why do we offer daily specials? 오늘의 메뉴를 제공하는 이유	• A menu item that the chef has created especially for that day 특별히 오늘에 한하여 주방장이 만든 메뉴 • To promote sales further 매출 증진을 위하여 • To offer variety on the menu to our regular Guests 자주 방문하시는 고객께 다양한 메뉴를 제공하기 위하여

		• To try ideas for new menu 새로운 메뉴에 대한 아이디어를 테스트하기 위하여
2. Check the daily specials 오늘의 메뉴 확인 하기	Q: Who checks what the daily specials are? 오늘의 메뉴를 확인하는 직원	• Captain/Assistant Manager or Manager 캡틴/부지배인이나 지배인
	Q: When do we need to check the daily specials? 오늘의 메뉴 확인 시기	• Prior to service 서비스 전
	Q: How do we check the daily specials? 오늘의 메뉴 확인 방법	• Ask the chef de cuisine 주방장에게 문의
	Q: How do we communicate the daily specials with the staff? 오늘의 메뉴에 대해 직원에게 전달하는 방법	• During the daily restaurant briefing 레스토랑 브리핑 시간에
	Q: What do we need to ensure? 확인사항	• Write the daily specials on the white board in the backside 백사이드 화이트 보드에 오늘의 메뉴를 적어 놓는다. • Whether all the staff know the recipe, service standards and relevant condiments of the daily specials 모든 직원들이 오늘의 메뉴의 재료 및 조리방법, 서비스 스탠다드, 어울리는 향신료를 숙지하고 있는지
3. Explain the daily	Q: How do the restaurants inform their guests?	• Verbally to the Guests 구두로 말씀 드린다.

specials 오늘의 메뉴 설명하기	고객께 알려드리는 방법 Q: When do we explain the daily specials? 오늘의 메뉴를 설명하는 시기 Q: How do we need to explain the daily specials? 오늘의 메뉴를 설명하는 방법 Q: What do we need to ensure? 확인사항 Q: What do we need to say to the guest?	• Upon presentation of the menu 메뉴를 드릴 때 • Smile as you really mean it 진심 어린 미소 • Speak clearly & slowly 또렷하고 천천히 말하기 • Maintain good eye contact with the Guest at all times 눈을 마주치기 • Give details on the way of cooking as well as the ingredients 재료뿐 아니라 조리법에 대해서도 자세히 설명드린다. • Ask the guest if they have any questions 질문사항이 있으신지 여쭈어 본다.
		"Mr. Smith, I would like to inform you of our chefs recommendations for today. We have fantastic live Lobster" "홍길동님, 오늘의 주방장 특선 요리는 신선한 '바닷가재 버터구이'입니다. 새로운 조리방법으로 만들어진 요리입니다." "May I recommend a Lobster Sashimi as a starter?" "바닷가재 사시미를 추천해 드리고 싶습니다."
Q. Any Questions?		

Checking the Standard

Question Technique:	Please remember : Pose, Pause, Person We begin questions with : Who, What, Where, When and How

Summary Statement:

We have now completed our training "How to promote daily specialty"

Do you have any questions?

Step 1	Q: What is a daily special? Q: Why do we offer daily specials?
Step 2	Q: Who checks what the daily specials are? Q: When do we need to check the daily specials? Q: How do we check the daily specials? Q: How do we communicate the daily specials with the staff? Q: What do we need to ensure?
Step 3	Q: How do the restaurants inform their Guests? Q: When do we explain the daily specials? Q: How do we need to explain the daily specials? Q: What do we need to ensure? Q: What do we need to say to the Guest?

11. HOW TO HANDLE WAITING CUSTOMERS

Materials

• N/a

Duration of Session : 10 minutes

Introduction

I	Interest	Imagine, you visited the restaurant at the BU Hotel for having a meal. But there are no vacant seat and nobody cares about you. How do you think about the service of BU like this? BU 호텔에서 식사를 하기 위하여 레스토랑을 방문하였는데 입구에서 리셉션이 빈 테이블이 없으니 마냥 기다리라고만 하고 안으로 들어가 버렸습니다. 여러분이 고객이라면 BU 의 서비스에 대해 어떻게 느끼시겠습니까?
N	Need (why)	BU Hotel gives high quality service, and it is very important to recognize our guests, especially royal guests. Although we do not have vacant seats, we are doing our best giving them conveniences. BU 호텔은 친절하고 효율적인 서비스를 제공하며 우리의 고객, 특히 충성 고객을 알아보는 것이 매우 중요합니다. 비록 레스토랑이 바쁘고 빈 테이블이 없는 상황일지라도 고객이 불편하지 않도록 세심한 배려를 합니다.
T	Task	Today, we will demonstrate "How to handle waiting customers" according to BU Hotel standards. 이 시간에는 BU 호텔의 스탠더드에 의거하여 웨이팅 고객을 안내하는 방법에 대하여 알아보도록 하겠습니다.
R	Range	This session will last for approximately 10 minutes. We will provide you with detailed explanations and clearly demonstrate how you are expected to perform this task. Each one of you will then have the opportunity to practice. Please write down your questions and we will be happy to answer any concerns at the end of the session.

		본 수업은 약 10분 정도 소요될 예정이며 직무 수행에 관한 자세한 설명을 드릴 것입니다. 그 후, 여러분이 연습하실 수 있는 시간이 주어질 것이며 수업 마지막 부분에 질문을 받도록 하겠습니다.
O	Objective	By the end of this session, our objective is to ensure that you have learned "How to handle waiting customers" with confidence, and according to our defined standards. Any Questions? 이 수업의 목표는 여러분께서 자신 있게 정해진 스탠더드에 의거하여 웨이팅 고객을 안내할 수 있도록 도와 드리는 것입니다. 질문 있으십니까?

Task : How to handle waiting customers
웨이팅 고객 안내하기

Job Title : Food & Beverage Employees

STEP	INVOLVEMENT	STANDARD
1. Follow grooming standards 복장/용모 기준 준수하기	Q: How should we present ourselves? 복장/용모 점검	Adhere to BU Hotel Grooming Standards: 호텔의 복장/용모 기준에 의거한다. • Complete, clean and well pressed uniform 잘 손질된 깨끗한 유니폼 • Check personal hygiene 개인 위생 상태 • Polished shoes 잘 손질된 근무화 • Neat hairstyle 정돈된 머리 • Stand at the entrance 레스토랑 입구에서 정중히 대기
2. Prepare to greet the guest 고객을 환영할 준비하기	Q: What would we consider about our body language when greeting a guest? 적절한 인사 자세	• A genuine smile 진심 어린 미소 • A good body posture 공손하고 정중한 자세

	Q: How important is it to greet and welcome a guest? 고객 맞이의 중요성	• It is very important to create a good first impression with our guests 좋은 첫인상을 심을 수 있는 시점이기 때문에 • First impressions are lasting impressions 첫인상이 오래 기억됨
	Q: How do we stand up? 서 있는 자세	Extremely Important! 매우 중요합니다! • Male-The left hand placed on top of the right hand or stand straight 남자: 왼손을 오른손 위에 놓는다 /바로 서 있는다. • Female-The right hand placed on top of the left hand at lower abdomen 여자: 단전 위에 오른손을 왼손 위로 해서 놓는다.
3. **Greet the guest** 고객에게 인사하기	Q: How far away from us should a guest be before greeting them? 인사하는 위치 Q: What would we say to the guest? Q: Who needs to greet & welcome the guest? 환영해야 할 고객 Q: What do we have to check first? 가장 먼저 확인해야 할 사항	• Approximately 3 meters 고객의 3미터 앞 • Remember! 기억해두세요! • Smile as you really mean it 진심 어린 미소 짓기 • Maintain a good eye contact 시선 마주치기 • Speak slowly and clearly 천천히 또렷하게 말하기 "Good morning / afternoon / evening, Sir / Madam. Welcome to the OMi Market Grill(using an outlet's name)." "안녕하십니까? 오미 마켓 그릴에 오신 것을 환영합니다." • EVERYONE including all employees 모든 고객들!

		"Do you have a reservation Sir / Madam?" "예약하셨습니까?" "Could you give me your name, please?" "예약하신 분 성함을 말씀해 주시겠습니까?"
4. Inform the guest 고객께 알리기	Q: What do we inform to the guest? 고객에게 알리기 Q: What do we need to ensure? 주의 사항	• Speak politely there are no vacant seats 빈 좌석이 없음을 정중히 말씀 드린다. • Explain a present restaurant's situation closely 레스토랑의 현재 상황을 충분히 설명한다. • Speak to the guest about the approximate waiting time 고객께 대략적인 대기 시간을 말씀드린다. • Present an alternative 대안을 제시한다. • Smile and offer an assistance 진심어린 미소와 더불어 도움을 제시한다. • Before showing the guest, confirm other restaurants' situation 고객께 안내 해 드리기 전에 다른 업장의 영업 상황을 확인한다. • Make sure the guest understanding fully 고객께서 충분히 이해하셨는지 확인한다. • Bear in mind that we have the Regency Club Lounge as well as the Food and Beverage restaurant 식음료 업장 이외에 리젠시 클럽 라운지도 있음을 명심하자
	Q: What would we say to the guest?	"We're very sorry, Mr./ Ms. Smith. We don't have free tables at the moment"

		"홍길동님, 죄송합니다만, 지금은 빈 테이블이 없습니다" "Would you like something to drink in the Island Lounge as you wait" "저희 아일랜드 라운지에서 음료 한 잔 하시면서 기다리시겠습니까?" "It'll be completed to set your table about 30 minutes." "약 30분 정도 기다리셔야 테이블이 준비될 것 같습니다" "We'll inform you that your table is available as soon as possible." "테이블이 준비되는 대로 즉시 알려 리겠습니다"
5. Escort a guest to the waiting place 고객을 테이블로 안내하기	Q: How do we escort a guest to the waiting place? 대기장소로 안내하기	• An open palm gesture to indicate the direction 적당히 팔을 펼쳐 방향을 안내 • Smile and offer an assistance 진심 어린 미소와 더불어 도움을 제시한다. • An open palm gesture to indicate the nearest ramp (if steps on the way)- Especially for the physically impaired guests and for the elderly guests 장애물을 확인해드린다. – 특히, 몸이 불편하신 분들을 위하여
		"This way please, Mr. Smith. I will escort you to the Omi Market Grill" "홍길동님, 이쪽으로 오시겠습니까? 제가 오미 마켓 그릴로 바로 안내해 드리겠습니다."
Q. Any questions?		

Checking the Standard

Question Technique:	Please remember : Pose, Pause, Person We begin questions with : Who, What, Where, When and How

Summary Statement:

We have now completed our training : "How to handle waiting customers"

Do you have any questions?

Step 1	Q: How should we present ourselves?
Step 2	Q: What would we consider about our body language when greeting a guest? Q: How important is it to greet and welcome a guest? Q: How do we stand up?
Step 3	Q: How far away from us should a guest be before greeting them? Q: What would we say to the guest? Q: Who needs to greet & welcome the guest? Q: What do we have to check first?
Step 4	Q: What do we inform to the guest? Q: What do we need to ensure? Q: What would we say to the guest?
Step 5	Q: How do we escort a guest to the waiting place?

12. HOW TO ESCORT A GUEST TO A TABLE

Materials

• Reservation list
• One menu

Duration of Session : 15 minutes

Introduction

I	Interest	Imagine, you have just arrived one of BU Hotel's restaurants. You have been greeted by the manager, who then pointed out your seat and told you to take care of yourself. What would you think about the service that you received? BU 호텔의 레스토랑에 도착을 하였습니다. 지배인이 인사를 하고 테이블을 가리키며 좌석으로 가라고 한다면 BU의 서비스에 대해 어떻게 생각 하시겠습니까?
N	Need (why)	BU Hotel's restaurants and bars will be popular. Renowned for their warm, gracious, efficient hospitality and simple, authentic cuisine. We must always follow BU Hotel standards when escorting our guests to the table and to ensure we maximise our restaurant capacities during all meal periods. BU 호텔의 레스토랑과 바는 평판이 좋습니다. 따뜻하고, 예의바르고, 효율적인 환대와 간결하면서 독특한 요리로 명성이 나 있습니다. 우리는 영업 시간 중에 최대한의 고객을 모시기 위하여BU 호텔의 스탠다드에 따라서 안내를 합니다.
T	Task	Today, we will demonstrate "How to escort a guest to a table" according to BU Hotel standards. 이 시간에는 BU 호텔의 스탠더드에 의거하여 고객을 테이블로 안내하는 방법에 대해 알아보도록 하겠습니다.
R	Range	This session will last for approximately 15 minutes. We will provide you with detailed explanations and clearly demonstrate how you are expected to perform this task. Each one of you will then have the opportunity to practice.

		Please write down your questions and we will be happy to answer any concerns at the end of the session.
		본 수업은 약 15분 정도 소요될 예정이며 직무 수행에 관한 자세한 설명을 드릴 것입니다. 그 후, 여러분이 연습하실 수 있는 시간이 주어질 것이며 수업 마지막 부분에 질문을 받도록 하겠습니다.
O	Objective	By the end of this session, our objective is to ensure that you have learned "How to escort a guest to a table" with confidence, and according to our defined standards. Any Questions?
		이 수업의 목표는 여러분께서 자신 있게 정해진 스탠더드에 의거하여 고객을 지정된 테이블로 안내할 수 있도록 도와 드리는 것입니다. 질문 있으십니까?

Task: How to escort a guest to a table 테이블로 안내하기

Job Title: Food & Beverage Employees

STEP	INVOLVEMENT	STANDARD
1. Check thereservation list 예약 기록 확인	Q: What do we need to check when a guest arrives at the outlet? 고객이 레스토랑에 도착하셨을 때	"Good morning/afternoon / evening Sir / Madam, Do you have a reservation with us this morning?" "고객님, 안녕하십니까? 예약하셨습니까?"
		• Ask the guest if they have made a reservation 고객께 예약확인
	Q: What do we need to ask if the guest has no reservation? 고객이 예약을 하지 않은 경우	"How many guests will there be in your party this morning / afternoon / evening Sir / Madame?" "동반하신 고객님은 몇 분이십니까?"

		• Ask the guest if they would like smoking or non smoking 흡연/금연 선호도 확인
		"Would you prefer a smoking, or non smoking table Sir / Madame?" "금연석을 원하십니까? 흡연석을 원하십니까?"
		• Ask the guest if they would like to sit inside the restaurant or on the terrace 실내 또는 야외 테라스 선호도 확인
		"Would you prefer to have a table on the terrace or inside our restaurant Sir / Madam?" "실내를 원하십니까? 야외를 원하십니까?"
2. Update floor plan 플로어 플랜 짜기	Q: How would we assign a table? 테이블 정하기	• Allocate a suitable table on the floor plan 적당한 테이블 정하기 • Depending on the number of guests in the party 고객 수에 따라서 • Smoking or non smoking section 흡연/금연 • Sitting inside and outside 실내/실외 • Single diners may be offered dining at the counter 혼자이신 고객께 카운터 자리 제안하기
3. Invite the guest to the table 테이블로 안내하기	Q: How would we direct a guest towards a table? 테이블로 안내하기 Q: What would we say to a guest when escorting	• Using an open palm gesture 손을 펼쳐 안내
		"This way please, Sir / Madam." "고객님, 이쪽으로 오시겠습니까?"
		• No more than 1 meter ahead 1미터 정도 앞서서

		them to their table? 안내하며 해야 할 말	• Do not walk fast 천천히 걷기
		Q: What would we consider about the distance and speed when escorting the guest? 안내 시 적절한 거리와 속도	
4. Escort the guest 테이블로 안내하기	Q: Why do we walk at a steady pace? 천천히 걸어야 하는 이유 Q: What safety issues should we be aware of when escorting a guest? 유념해야 할 안전사항 Q: What do we need to say to the guest?	• Ensure guests are following you 고객이 잘 따라오실 수 있도록 • Indicate any steps or slippery surface to the guest 계단 또는 미끄러운 곳을 알림 "Please mind the step, Sir / Madam." "고객님, 계단 조심하십시오."
5. Seat the guest 착석	Q: What gesture of courtesy should we show a guest when seating them? 고객께 착석을 권유하기	• Pull the chair out from the table for your guest to be seated 의자를 꺼낸다. • Push the chair in carefully once the guest is seated 고객이 앉으실 때 의자를 조심히 밀어 넣어드린다. • Ladies first 여성 고객 먼저 • Respect elderly guests 연장자를 존중한다.
6. Unfold the napkin 냅킨 펼치기	Q: How do we unfold the napkin? 냅킨 펼치기 Q: How do we place the napkin? 냅킨 펼쳐 드리기	• Unfold the napkin from the right hand side of the guest 고객의 오른편에서 • In one smooth action place the napkin gently on the guest's lap 자연스럽게 고객의 무릎 위에 놓기 • Ladies first 여성고객 먼저

7. **Present the menu & wine list** 메뉴와 와인메뉴 전달	Q: Whom do we present the menu to first? 메뉴 보여 드리기	• Approach guest from the right hand side where possible 고객의 오른편에서 • Present open menu to the guest to view 메뉴를 펼쳐서 보여 드리기 • Ladies first 여성고객 먼저
8. **Leave the table** 테이블 떠나기	Q: Why is important to give a final salutation to the guests? 인사의 중요성	• Leave the table politely and with a warm smile using the BU Hotel standard phrase 스탠더드에 의거하여 정중하게 미소를 지으며 테이블을 떠난다.
		"Mr. / Ms. Smith, I hope you enjoy your evening, your waiter will be with you in a moment" "홍길동님, 즐거운 저녁 되십시오." "I will be back shortly to take your order." "잠시 후에 주문 받아 드리겠습니다."
Q. Any Questions?		

Checking the Standard

Question Technique:	Please remember : Pose, Pause, Person We begin questions with : Who, What, Where, When and How

Summary Statement:

We have now completed our training:"How to escort a guest to a table"

Do you have any questions?

Step 1	Q: What do we need to check when a guest arrives to the outlet? Q: In the situation where the guest has no reservation, what do we need to ask?
Step 2	Q: How would we assign a table?
Step 3	Q: How would we direct a guest towards a table? Q: What would we say to a guest when escorting them to their table?
Step 4	Q: What would we consider about the distance and speed we do escort the guest at? Q: What safety issues should we be aware of when escorting a guest? Q: What do we need to say to the guest?
Step 5	Q: What gesture of courtesy should we show a guest when seating them? Q: Whom do we seat first?
Step 6	Q: Whom do we present the menu to first?
Step 7	Q: From what side do we unfold the napkin? Q: How do we place the napkin?
Step 8	Q: Why is important to give a final salutation to the guests?

부록

호텔연회&식음료 관련 용어

호텔연회&식음료 관련 용어

- **A LA CARTE**

  일품요리, 메뉴상 용어로 일품요리라 하며 식당에서 정식요리(TABLE D'HOTE)와 다르게 매 코스마다 주종의 요리를 준비하여 고객이 원하는 코스마다 선택해서 먹을 수 있는 식당의 표준 차림표

- **AMENITY**

  호텔에서 일반적이고 기본적인 서비스 외에 "부가적인 서비스의 제공"의 의미
  객실에서는 비누, 샴푸, 칫솔 면도기, 빗, 로션 등 고객에게 제공되는 소품을 의미
  식음료에서는 무료로 제공하는 샴페인, 과일 바구니, 각종 선물 등을 의미한다.

- **AMERICAN SVC**

  서비스의 기능적 유용성, 효용성, 속도의 특징을 가지고 있는 가장 실용적이어서 널리 이용되는 서비스의 형태. 일반적으로 주방에서 음식을 접시에 담아 서브되기 때문에 많은 고객들을 상대할 수 있으며 빠른 서비스를 추구하는 장점이 있으나 음식이 비교적 빨리 식어 고객의 미각을 돋구지 못하는 단점도 있다.
  트레이(TRAY), 플레이트(PLATE)서비스 두 가지가 있다.

- **APPETIZER**

  전채요리라고도 하며 식사 순서 중 제일 먼저 제공되어 식욕촉진을 돋구어 주는 소품요리. 한 입에 먹을 수 있도록 분량이 적어야 하며 타액 분비를 촉진시켜 소화를 돕도록 짠맛, 신맛이 곁들여져야 하며 맛과 영양이 풍부하여 주 요리와 균형을 이룰 수 있어야 하며 시각적인 효과가 있어야 한다. (APERITIF: 식전주)

- **ARM TOWEL**

  레스토랑 종사원이 팔에 걸쳐서 사용하는 서비스용 냅킨으로 일반적 사이즈는 40*60이다.

뜨거운 음식을 서브할 때, 긴급하게 고객의 테이블을 닦을 때 사용된다.

- **ASSISTANT WAITER**

일명 BUS BOY라고도 하며 캡틴 및 웨이터를 보좌하며 서비스의 보조 및 테이블 세팅 및 철거, 청소 정돈의 업무를 수행한다. 기본적으로 웨이터가 주문을 받기 전에 물과 빵을 서브한다.

- **BAGEL**

이스라엘의 대표적인 빵으로 물에 한 번 삶았다가 구워내는 방식으로 만드는데 고객에게 서브할 때는 반으로 잘라서 오븐에 구워 크림치즈와 함께 서브된다. 오늘날 많은 사람들이 아침 식사대용으로 즐기고 있다. 안의 내용물에 따라 다양한 명칭으로 불린다.

- **BAKERY SHOP**

베이커리 업장에서 판매할 각종 제과 제빵을 만들며 각 레스토랑 업장 주방에서 필요한 빵과 후식 등을 생산하는 장소

- **BANQUET**

연회라고도 하는데 호텔 또는 식음료를 판매하는 시설을 갖춘 구별된 장소에서 2인 이상의 단체고객에게 식음료와 기타 부수적인 사항을 첨가하여 모임의 본연의 목적을 달성할 수 있도록 하여 주고 그 응분의 대가를 수수하는 일련의 행위를 말한다.

- **BASIC COVER**

대개 레스토랑에서는 고객이 요리를 주문하는데 최소한의 기준을 두고 기본적으로 갖추어야 할 기물의 차림을 말한다.(포크, 나이프, 냅킨, 메인 접시, 양념통 등)

- **BEEF STOCK**

소뼈를 각종 야채와 향료를 넣고 3-4시간 정도 서서히 끓여서 찌꺼기를 걸러낸 국물, 수프

- **BEER**

맥주는 대맥, 홉, 물을 주원료로 효모를 섞어 저장하여 만든 탄산가스가 함유된 양조주이다.
그 종류로는 LARGER(병맥주: 병에 넣어 열을 가하여 발효시킨 담색맥주), DRAFT(생맥주: 저온 살균처리), BLACK(흑맥주: 맥아를 검게 볶아 캐러멜화) 등이 있다.

• B.G.M

BACK GROUND MUSIC의 약어로서 배경음악이라고 하는데 생산능률의 향상이나 권태 방지용으로 사용된다. 흔히 업장 내에서 고객들 간의 대화에 지장이 없을 정도의 크기로 볼륨을 조정한다.

• BIN CARD

식음료 입고와 출고 현황에 따른 재고 기록카드로서 품목의 내력이 기록되어 있으며 창고 또는 물건이 비치되어 있는 장소에 비치한다. 예를 들어 모든 와인, 술, 음료의 종류 등을 적정재고량을 확보하는 데 사용되는 것으로 적정시기에 적정소요량을 재주문할 수 있게 하는 자료이다.

• BREAKFAST

① AMERICAN: 계란요리가 곁들어진 아침식사로서 계절과일, 주스류, 시리얼, 베이컨, 햄, 케이크 류, 커피와 함께 제공되는 방식이다.

② CONTINENTAL: 계란요리가 곁들어지지 않는 아침식사, 빵 종류와 함께 커피 혹은 홍차가 제공된다.

• BRUNCH

아침과 점심식사를 겸하는 형태로서 오전 10시부터 12시까지의 시간대에서 제공된다. 아침에 늦게 일어나는 고객들을 대상으로 제공된다. BREAKFAST와 LUNCH의 합성어

• CAFETERIA

음식물이 진열되어 있는 진열 식탁에서 선택한 음식에 한하여 고객은 요금을 지불하고 직접 테이블로 가져와서 식사를 하는 셀프서비스 방식의 레스토랑이다.

• CART SVC(= WAGON, TROLLY, GUERIDON)

카트 서비스는 주방에서 고객이 요구하는 종류의 음식과 그 재료를 카트에 싣고 고객의 테이블까지 와서 고객이 보는 앞에서 직접 조리를 하여 제공하는 서비스 형태이다. 일명, 프렌치(FRENCH) 서비스라고도 한다.

• CATERING

① 지급능력이 있는 고객에게 조리되어 있는 음식을 제공하는 것

② 파티나 음식서비스를 위하여 식료, 테이블, 의자, 기물, 등을 고객의 가정이나 특정

장소로 출장서비스를 하는 것

- **CAVIAR**

  소금에 절인 철갑상어의 알젓. 오늘날 대표적인 3대 APPETIZER 중의 하나이다.

- **CELLAR MAN**

  호텔의 저장실 관리인, 바의 주류창고 관리자

- **CEREAL**

  주로 아침식사로 제공되는 곡물요리로서 HOT, COLD(DRY) CEREAL로 구분된다.
  HOT은 오트밀(OATMEAL)이 대표적이고 DRY한 것은 콘플레이크가 대표적인 요리이다.
  일반적으로 우유(WHOLE, 2%, LOW-FAT, SKIM)와 함께 제공된다.

- **CHASER**

  강한 술을 스트레이트로 마신 후에 뒤따라 마시는 물 혹은, SOFT DRINK를 말한다.

- **CHEF DE RANG(=STATION WAITER) SYSTEM**

  프렌치 서비스 형태로 세프 드 랭은 근무조의 조장으로 2-3명의 웨이터와 더불어 자기
  스테이션에 배정된 식탁의 고객 서비스를 책임지는 형태이다.

- **CHEF DE VIN(=SOMMELIER, WINE STEWARD)**

  고객으로부터 음료에 대한 모든 주문을 받고 바에 주문하여 직접 그 테이블에 서브하는
  임무를 띤 접객원

- **CHIT TRAY**

  고객에게 잔돈을 거슬러 줄 때 사용하는 작은 쟁반

- **CHOWDER**

  맑은 고기 수프에 조개, 새우, 게살 등을 넣고 끓여 만든 진한 수프의 일종. 보통 크래커
  와 같이 서브되며 내용물에 따라 그 명칭이 달리 사용된다.
  (예: CORN, CLAM, CRAB CHOWDER)

- **COMPLIMENTARY**

  호텔에서 특별히 접대해야 될 고객이나 호텔의 판매촉진을 목적으로 초청한 고객에 대
  하여 요금을 징수하지 않는 것을 말하는데 호텔 측의 실수에 대해서도 이 요금을 적용

하기도 한다. 보통 줄여서 COMP.라고 표기한다.

- **COOK HELPER**

  조리사를 보조하여 야채 다듬기, 식자재운반, 칼 갈기, 조리기구의 세척, 청소 등 잡무를 담당

- **CORK SCREW**

  코르크 마개를 따는 기구

- **CORKAGE CHARGE**

  외부로부터 반입된 음료, 술을 서브하고 그에 대한 서비스 대가로 받는 요금

  일반적으로 판매가의 1/3+V.A.T

- **COUNTER SVC RESTAURANT**

  레스토랑의 주방을 오픈하여 앞의 카운터를 고객들의 식탁으로 사용하며 조리사 고객이 보는 앞에서 조리하여 바로 서브한다. 예) 일식당 스시 바

- **CUTLERY**

  테이블에 쓰이는 은기류(SILVER WARE)의 총칭. 나이프 세트, 포크, 스푼 등

- **DAILY MARKET LIST(일일 시장 구매 목록)**

  식음료 구매에 있어서 저장이 곤란한 품목들로 직접 생산부서(주방)로 이동되는 아이템. 신선도와 저장의 문제로 매일 구매해야 하는 생선류, 야채, 과일, 육류 등이 포함된다.

- **DAILY RECEIVING REPORT(일일검수보고서)**

  검수 담당자가 호텔 레스토랑에서 기자재 및 식자재가 입고될 때 무엇을, 얼마나, 누구에게서 수령하여 어디로 보냈나 하는 품목의 행선지를 명확히 문서화한 보고서

- **DINING CAR**

  철도사업의 부대사업으로 기차여행객을 대상으로 열차의 한 칸에 간단한 식당설비를 갖추어 간단하고 저렴한 식사를 취급하는 식당. 현재 프라자 호텔에서 운영한다.

- **DOUGH**

  물, 밀가루, 설탕, 우유, 기름 등을 가해 혼합하여 반죽한 것 예)피자를 만들 때 도우에다가 토핑을 뿌린다.

• DRIVE-IN

레스토랑의 주차라인을 따라 차를 타고 들어가면 인터폰이 붙은 기둥에 메뉴판을 보면서 주문을 하고 주문한 음식을 수령하면서 계산하는 방식의 TAKE-OUT 방식의 레스토랑 예) 맥도널드

• ENTREE(=MAIN DISH)

영어로 ENTRANCEFK라고 표기하며, 중간에 나오는 순서의 MIDDLE COURSE를 의미하는데 고대에서는 정찬에서 통째로 찜 구이 한 조류고기를 식사의 처음으로 제공하였다고 한다. 그리하여 처음의 요리 하여 ENTRY(입구)가 ENTREE의 뜻으로 쓰이게 되었고 오늘날 중심요리가 된 것이다. 일반적으로 육류요리가 대표적인데 소, 송아지, 돼지, 가금류 등이 있다.

• EXECUTIVE CHEF

조리장은 모든 음식을 조리하고 준비하는 책임을 지니고 있으며 누구보다도 전반적으로 식음료 부문에 대한 지식이 있어야 한다. 다양한 식재료를 구매하고 검수하여야 하며 또한 좋은 식재료를 값싸에 구매하여야 한다. 그뿐만 아니라 식품조리에 대한 모든 책임을 지고 있으며 메뉴 개발과 메뉴 구성 등이 주 업무이다.

• FINGER BOWL

포크 따위를 사용하지 않고 과일을 손으로 직접 먹을 경우 손가락을 씻을 수 있도록 물을 담아 식탁 왼쪽에 놓는 작은 그릇을 말한다. 이때 음료수로 착각하지 않도록 꽃잎 또는 레몬조각 따위를 띄워 놓는다.

• FLAMBEE(=FLAMMING)

고기, 생선 등 특유의 냄새를 없애기 위해 브랜디를 붓고 불을 붙여 그을리게 하는 요리 불꽃이 높게 올라가 고객들에게 특유의 볼거리를 제공한다.

• FOIE GRAS(프와그라)

전채요리의 하나로서 거위 간으로 만든 빠데라고도 하며 거위 간을 묵처럼 만듦. 캐비어(CAVIAR)와 송로버섯(TRUFFLE)같이 세계 3대 전채요리에 속한다.

• FRENCH SVC

유럽의 귀족들이 좋은 음식을 원하거나 비교적 여유가 있는 사람들이 즐기는 전형적인

우아한 서비스이다. 고객 앞에서 서비스하는 종업원은 숙련되고 세련된 솜씨로 간단한 음식을 직접 만들어주기도 하고 주방에서 만들어진 음식이라도 은쟁반에 담아 보여준 뒤 게리돈에 실어 보온이 된 접시에 1인분씩 담아서 서브된다. 음식의 고객의 오른쪽에서 오른손으로 서브한다.

• **FRONT OF THE HOUSE(F.O.H)**

호텔의 영업(수익)부문으로서 고객과 대면하여 서비스하는 영역을 일컫는다. 예를 들자면 프론트데스크, 식음료 업장, 벨 데스크, 하우스키핑, 레크리에이션 등이 있다.

• **FRUIT SQUEEZER**

조주 시에 레몬이나 오렌지 등의 과일을 짜서 과즙을 만들어 사용하는 경우가 있는데 이때 사용하는 과즙제조기구이다.

• **GARDE MANAGER(=가드망제, COLD KITCHEN)**

콜드 키친이라고 쓰며 냉육류에 대한 조리를 지휘하며 해산물 샐러드, 샐러드 드레싱, 샌드위치 그 밖에 뷔페에 나갈 찬 음식들을 준비하는 곳이다.

• **GLASS PACK**

다량의 글래스를 꽂을 수 있으며 운반하기 쉽게 만든 기구로 세척할 때 여기에 꽂아서 세척한다.

• **GLASS WARE**

레스토랑 기물 중에서 유리로 만든 식기 종류를 말한다.(크기를 OZ로 표기)

• **GOBLET**

레스토랑에서 주로 물컵(12oz)의 용도로 많이 사용되는 글래스이며 밑부문에 STEM이 달려 있다.

• **GRATUITY(=SERVICE CHARGE, TIP)**

• **GRILL**

그릴이란 조리용어로 망쇠구이를 가리키는데 이것은 고기 등을 손님앞에서 망쇠에 구워서 제공하는 레스토랑을 지칭했던 듯하나, 오늘날 호텔에서의 그릴 룸이라고 하면 그 호텔 내에서 최고급의 일품요리를 서비스하는 레스토랑이란 뜻으로 사용한다.

• HAPPY HOUR

호텔 식음료 업장에서 하루 중 고객이 붐비지 않은 시간대 보통 4시에서 6시를 이용하여 저렴한 가격으로 또는 무료로 음료 및 스낵 등을 제공하는 호텔서비스 판매촉진 전략

• HASHED BROWN POTATOES

삶은 감자를 거칠게 다져서 양파, 베이컨, 소금, 후추, 파슬리를 넣고 튀긴 음식으로 주로 아침식사에 제공된다.

• HORS D' OEUVRE

오드보르는 식사 전에 제공되는 식욕촉진의 역할을 하는 모든 전채요리를 일컫는다. HORS는 앞이라는 뜻을 나타내고, OEUVRE는 식사를 의미한다.

• ICE CARVING

아이스 카빙은 얼음을 재료로 하여 작가의 상상력과 창의력 그리고 독특한 테크닉에 의해 완성되는 작품이다. 다양한 모습으로 연출된 투명한 얼음작품에 총천연색의 조명이 비추어지고 서서히 녹아내리는 물방울과 어우러지면서 조화를 이룬다.

• JUNK FOOD

칼로리는 높으나 영양가가 낮은 스낵풍의 식품. 인스턴트 식품

• KEBOB

터키의 대표적 요리로 쇠꼬챙이에 야채, 생선, 소, 닭고기 등을 꿰어서 그릴에 익혀서 사프란 라이스 등과 같이 먹는 요리

• MAIN KITCHEN

호텔에서 음식을 생산하는 곳으로 요리의 기본과정을 준비하여 영업주방(양식주방, 커피숍 등)을 지원하는 곳이다. 특히 메인 주방은 주로 연회장을 관리하여 각 업장에서 필요한 음식, 기본적인 음식, 가공식품 등을 준비하여 공급한다. HOT KITCHEN과 COLD KITCHEN이 있다.

• MAPLE SYRUP

단풍나무에서 추출하여 와플이나 프렌치 토스트를 제공할 때 버터와 함께 제공한다.

- **MARINADE**

고기, 생선, 야채 등을 요리하기 전에 와인, 올리브기름, 식초, 과일주스, 향신료 등에 절여 놓는 것을 말한다.

- **MARMALADE**

신선한 오렌지나 레몬 종류의 껍질과 속을 같이 설탕에 조린 것으로 껍질과 씨에서 쓴맛이 나고 그 쓴맛과 단맛이 어울린 것이 그 특징이다.

- **MEAT GRADING**

육류등급은 크게 품질등급과 산출량등급 2가지로 나누어질 수 있다. 산출량등급은 도살육에서 고기와 뼈의 양으로 산출하는 방식이고, 품질등급을 살펴보면 아래와 같다.

① PRIME: 최상급 등급으로 호텔에서 사용하고 양이 제한되어 생산되며 맛과 육즙이 뛰어나며, 하얀 크림색 지방이 발달하여 성숙시키기에 가장 적합한 고기이다.

② CHOICE: 프라임보다 지방질이 적으나 좋은 조직 그물을 가지고 있어 현재 우리나라의 호텔에서 가장 널리 사용하고 소비량도 가장 많다.

③ GOOD&STANDARD: 지방 함량이 적고 맛이 약간 떨어지면 일반 식당용으로 사용

④ COMMERCIAL: 성숙한 동물에서 많이 생산되며 천천히 오래 삶고 익히는 것이 요구

⑤ UTILITY. CUTTER. CANNER: 위의 등급보다 맛과 질이 떨어지며 일반적으로 가공하거나 기계에 갈아서 이용된다.

- **MEDIUM**

겉만 익힌 정도. 속을 자르면 피가 보일 정도이다.

- **MISE-EN PLACE**

레스토랑에서 종업원이 고객에게 식사를 제공하기까지의 모든 사전 준비를 말함(영업준비)

- **OATMEAL**

우유와 설탕을 섞어 아침에만 먹는 곡물요리의 일종으로 귀리가 재료로 사용된다.

- **OMELET**

계란요리의 하나로 계란을 깨트려 흰자와 노른자를 잘 섞은 후 프라이팬에 기름을 두르고 약한 불로 스크램블 식으로 휘저어 타원형으로 말아서 제공하는데 고객의 기호에 따라 오믈릿 안에 여러 가지 재료를 넣을 수 있다. (PLAIN, MUSHROOM, ROSSINI, HAM,

CHEESE, SPINACH)

- **ORDER SLIP**

웨이터, 웨이트리스가 작성하는 식음료의 주문 전표이다.

- **ORDER TAKER**

고객으로부터 각종 주문을 접수 처리케 하는 데 있지만 그중에는 호텔 전반에 걸친 인포메이션도 포함되어 있기 때문에 호텔 각부서로부터 영업 전반에 걸쳐 매일같이 정보를 수집하여 새로운 것이 있을 때에는 연구 검토하여 고객으로부터 언제, 어디서, 어떠한 전화문의가 있다 해도 항상 자신 있는 대답을 해 줄 수 있는 준비가 되어 있어야 한다.

- **ORDERING SYSTEM(=AUTO BILL SYSTEM)**

적외선 무선 시스템으로 주문 자동시스템이라고 말하는데 고객으로부터 주문을 받고 핸디 터미널에 입력을 하면 RECEIVER를 통하여 주방, 식당회계기에 주문내용이 자동으로 전송처리 되는 시스템

- **PANTRY ROOM**

레스토랑 영업을 위한 모든 집기를 정리해 둔 룸이다.

- **PARFAIT**

과일시럽과 달걀, 크림을 휘핑하여 만든 풍미 있는 빙과류의 후식

- **PASTA**

이탈리아 전통요리에 사용되는 것으로 밀가루와 계란으로 만들어지며 보통 곱게 잘 갈라진 단단한 밀 종류인 세모리나에서 정제하여 밀가루로 만든 것

- **PASTRY**

밀가루 반죽으로 만든 과자류. 만두, 파이 따위의 껍질

- **POTAGE CLAIR**

맑은 수프를 뜻하는데 즉 콘소메(CONSOMME)를 말하는 것으로 주재료를 소나 닭, 생선, 자라 등 어느 것이나 한 가지 재료만을 사용한다.

- **RECEPTION DESK**

일반적으로 고급 레스토랑의 입구에 놓여 있는 높은 책상으로서 주로 접객수장이나 리

섭셔니스트가 고객의 예약을 받거나 식당에 오는 예약손님의 안내를 위해서 예약장부, 전화기, 고객명부 등을 비치하여 놓고 사용한다.

- **REFRESHMENT CENTER**

  미니바에서 사용한 품목들을 지속적으로 채워주며 관리하는 곳

- **REFRESHMENT STAND**

  주로 간단한 식사를 미리 준비하여 진열해 놓고 고객의 요구대로 판매하며 고객은 즉석에서 구매해 사서 먹을 수 있는 식당이다. 예로 국내 고속도로 휴게실에 간단한 식사를 준비하여 놓고 바쁜 고객들이 서서 시간 내에 먹고 갈 수 있도록 되어 있는 식당이다.

- **SEASONAL MENU**

  1년 중 계절의 과일, 채소, 특산물 재료를 가지고 만드는 메뉴 구성을 말한다.

- **SERVICE ELEVATOR**

  호텔 종사원들이 사용하는 승강기로 룸 서비스, 객실청소 등 직원 전용 승강기를 말한다.

- **SERVICE STATION**

  영업을 위해 사전 준비물을 갖추어 놓은 구역 또는 테이블. 테이블 위에 글래스와 차이나 웨어 등을 올려놓고 밑에 서랍에는 각종 실버웨어, 양념 통, 린넨 등을 비치한다.

- **SHERBET**

  과즙, 설탕, 물, 술, 계란흰자 등을 사용하여 만드는 저칼로리 식품으로 시원하고 산뜻하여 생선요리 다음에 제공하거나 후식으로 제공하는데 이는 소화를 돕고 이때까지 먹은 음식의 맛을 제거하기 위해 입맛을 상쾌하게 한다.

- **SIDE WORK**

  레스토랑이 영업을 개시하기 전에 테이블 정렬, 세팅 및 청결유지를 하며 레스토랑 오픈 후에는 구역 내에서의 소금, 설탕, 후추 등을 보충하여 고객에게 제공하며 영업이 끝난 후에는 아침에 근무하게 되는 다음 조를 위해 뒷정리를 하고 다음 영업에 지장이 없도록 필요한 것들을 보충하고 정리 정돈하는 업무를 의미한다.

- **SINGLE SERVICE**

  ① 단 한 번 사용하기 위해, 즉 일회용 서비스로 한 번 사용하고 버리는 종이나 냅킨

등을 말한다.

② 레스토랑에서의 1인분

• SOUP TUREEN

연회 행사 및 식당에서 여러 사람의 수프를 담아서 제공하는 그릇

• SOUR CREAM

스테이크에 같이 나오는 BAKED POTATO와 함께 먹는 양념으로 물, 기름, 콘 시럽, 젤라틴, 소금, 젖산, 색소 등을 넣어 만든 하얀색의 소스이다.

• SOUS-CHEF

직속상관은 부총주방장이나 총주방장이며 그의 주된 임무는 자기가 담당하는 서너 개의 주방에 대하여 조리작업을 직접 지휘, 감독한다. 각 조리장의 근무 스케줄을 체크하고 고객분석, 영업분석, 메뉴연구 등을 하여야 하며 각 주방 간의 유대관계를 잘 유지하도록 하여야 한다. 주방의 냉장고, 조리사의 청결 상태도 점검을 한다.

• SOY SOUCE

콩의 추출물과 설탕, 소금, 향료를 섞어 만들어진 액체형태의 소스 이다. 주로 일식, 한식에 이용된다.

• SPANISH RESTAURANT

스페인은 주위가 바다로 둘러싸여 해산물이 풍부하므로 생선요리가 유명하다. 또한 스페인 요리는 올리브유, 포도주, 마늘, 파프리카, 사프란 등의 향신료를 많이 쓰는 것이 특색이다. 특히 왕새우 요리는 세계적으로 유명하다.

• STEWARD

호텔 레스토랑 주방과 식당 홀에서 사용되는 기물, 접시, 글라스 등을 세척하여 즉시 사용할 수 있도록 보관, 관리하고 주방바닥, 벽, 기기 등을 청소하여 주방 내의 청결을 유지한다.

• STOCK

수프를 만들어 내는 기본적인 국물로서 고기 뼈, 야채, 고기조각 등을 향료와 섞어 끓여 낸 국물을 의미한다. 또한 STOCK은 모든 소스의 기본으로 쓰이는 재료이다. WHITE,

BROWN, FISH, POULTRY 등으로 구분한다.

• SUNDAE

시럽, 과일 등을 얹어 만든 아이스크림 종류이다.

• SUNNY SIDE UP

팬 프라이 한 계란요리의 일종으로 뒤집지 않고 한쪽 면만 살짝 익힌 모양. 해가 뜨는 모양 같아서 붙여진 이름이다.

• T-BONE STEAK

소의 안심과 등심 사이에 T-자형의 뼈 부분에 있는 것이라 붙여진 이름이다. 350g 정도 의 크기로 요리되어 안심과 등심을 한꺼번에 맛볼 수 있는 부위이다.

• TABASCO SAUCE

핫소스와 비슷하나 더욱더 매운맛을 내는 것으로 치킨 요리와 멕시코 요리에 사용하는 소스이다. 또한 이 소스는 음식을 따뜻하게 만드는 역할을 한다.

• TABLE CLOTH

반드시 백색 리넨을 사용하는 것이 원칙이나 근래에는 여러 가지 유형으로 무늬가 다양 한 리넨 종류를 사용하는 경향이 많아졌으며 때로는 유색과 화학섬유도 많이 사용한다. 일반적으로 식당의 테이블에 까는 식탁보와 같은 종류들을 테이블클로스라고 말한다.

• TABLE D'HOTE

요리의 종류와 순서가 미리 결정되어 있는 차림표를 가리켜 정식(TABLE D'HOTE)이라 고 말하며 아래와 같은 순으로 서비스된다.

① APPETIZER(전채: HORS D'OEURVRE)

② SOUP(수프: POTAGE)

③ FISH(생선: POISSON)

④ MAIN DISH(주요리: ENTREE)

⑤ SALAD(샐러드: SALADE)

⑥ DESSERT(후식)

⑦ BEVERAGE(음료: BOISON, COFFEE OR TEA)

요즘에는 이와는 약간 변형된 형태로 고객의 기호에 맞지 않는 것은 제외되어 구성된

SEMI TABLE D'HOTE의 형태로 대개 5-6코스 또는 4-5코스로 짜여 져서 정식 ABC로 구분하고 고객의 편의를 도모하며 제공된다.

• TABLE SERVICE

테이블 서비스는 가장 전형적이고 오래전부터 유래되어온 서비스 형태로 웨이터나 웨이트리스로부터 서비스를 제공받는 것이다. 테이블서비스는 대개의 경우 손님의 오른쪽에서 식사를 서브하고 손님의 오른쪽으로부터 빈 그릇을 철거하는 것이 상식이다. 음식도 주방으로부터 접시에 담겨져 나오거나 쟁반이나 웨건에 의해서 운반된다.

• TABLE SKIRT

전채 테이블이나 뷔페 테이블 옆 부분에 보이지 않도록 혹은 장식으로 둘러치는 식탁용 치마로 색깔이 아름다운 주름치마를 많이 사용한다.

• TABLE TURN OVER RATE

한 개의 좌석당 하루 몇 명의 고객이 앉는가를 의미하며 많은 레스토랑들이 좌석당 고객수를 산출할 뿐 아니라 좌석당 매상고를 분석한다.
좌석 회전율＝1일 방문객수/좌석수
일반적으로객 단가가 높은 음식일수록 좌석 회전율은 낮다.

• 교재

원유석, 호텔연회 기획관리, 대왕사, 2020.

이종한 · 최주완, 현대호텔 연회실무, 형설출판사, 2020.

권봉헌, 호텔경영론, 백산출판사, 2018.

이정학, 호텔연회실무, 기문사, 2017.

송흥규 외 2인, 호텔외식 메뉴상품 관리론, 지식인, 2017.

서진우 · 장세준, 호텔연회관리 실무, 대왕사, 2016.

김화경, 컨벤션 경영과 기획론, 백산출판사, 2015.

조현호, 컨벤션기획론, 백산출판사, 2014.

최병호 · 신정하, 음료서비스 실무 경영론, 백산출판사, 2013.

윤수선 · 김창렬 · 김정수, 호텔연회조리, 백산출판사, 2013.

김연선 · 송영석 · 이두진 · 김영은, 호텔식음료 레스토랑 실무, 백산출판사, 2013.

유도재 · 최병호, 호텔식음료실무론, 백산출판사, 2013.

박창수, 전시 컨벤션학개론, 대왕사, 2013.

조원섭 · 권봉헌, 호텔식음료경영론, 백산출판사, 2012

김이종, 호텔식음료 관리론, 새로미, 2012.

권봉헌 · 박재희, 호텔식음료관리론, 백산출판사, 2011.

손흥규 · 안성근, 호텔연회기획, 백산출판사, 2011.

손재근, 호텔연회실무, 세림출판사, 2010.

김의겸, 호텔 · 외식산업 연회실무, 백산출판사, 2010.

손재근, 호텔연회실무, 세림출판, 2010.

최병호 · 설경진 · 이현재, 호텔 · 외식연회컨벤션실무, 백산출판사, 2009.

김기영 · 추상용, 호텔기획 서비스 실무론, 현학사, 2009.

이정학, 호텔식음료 실습, 기문사, 2008.

김장신, 컨벤션 기획 및 실무, 나눔의 집, 2008.

나영선, 외식사업 창업과 경영, 백산출판사, 2006.

안경모 · 이민재, 컨벤션경영론, 백산출판사, 2006.

박영배, 호텔식음료서비스 관리론, 백산출판사, 2005.

원융희 · 고재윤, 식음료실무론, 백산출판사, 2005.

박창수, 컨벤션산업론, 대왕사, 2005.

• 논문

이범재 · 정경일, 기업이벤트 기획자의 호텔연회장 선택속성에 관한 연구, 호텔경영학연구, 제18권 1호, 2009.

조성호 · 김영태 · 김광수, 호텔 컨벤션에서의 양식메뉴, 푸드 스타일링, 테이블 웨어 조화, 테이블 스타일링이 식공간 연출에 미치는 영향, 호텔경영학연구, 제18권 6호, 2009.

임지은, 호텔내부마케팅의 인지된 경영성과에 관한 연구 : 특급호텔연회근무자를 중심으로, 강원대학교 대학원, 박사학위 논문, 2008.

이지현, 호텔웨딩 연회공간 연출에 관한 연구, 식공간연구, 제2권 1호, 2007.

김정은, 호텔연회 서비스품질이 고객만족에 미치는 영향에 관한 연구 : 서울시내 특1급 H.L.I 호텔을 중심으로, 숙명여자대학교 대학원, 석사학위논문, 2006.

이현재 · 유영생, 호텔기업에서의 결혼예식과 연회 매출에 대한 사례 연구 : 대전지역 특급 호텔을 중심으로, 한국외식산업학회지, 제2권 1호, 2006.

황혜진 · 김재연, 국제회의 의전교육 프로그램에 관한 기초연구, 비서학논총, 제15권 2호, 2006.

최현주 · 이현종 · 이광우, 컨벤션 기획 요인에 관한 연구 : 스페셜 이벤트를 중심으로, 컨벤션 연구, 제10권, 2005.

고지혜 · 이유림 · 임하나 · 최윤미, 국제회의 의전에 관한 사례 연구, 비서학 연구, 24권, 2004.

Jones, D.L, Developing a Convention and Event Management Curriculum in Asia: Using Blue Ocean Strategy and Co-Creation with Industry, Journal of Convention & Event Tourism, Vol.11 No.2, 2010.

Tamura, T.; Chiba, M, A study on the spatial composition of hotel restaurants and banquets, from the viewpoint of the relationship to the number of workers, Journal of architecture, planning and environmental engineering, Vol.- No.600, 2006.

Lee, M.J. · Lee, K.M, Convention and Exhibition Center Development in Korea, Journal of Convention & Event Tourism, Vol.8 No.4, 2006.

Ford, J. A. T, The Banquet, SEWANEE THEOLOGICAL REVIEW, Vol.49 No.1, 2005.

M AND C - SECAUCUS, Banquets & Buffets From a la carte group dining for catered events and better-looking banquet spaces to buffets characterized by tasting portions and cooking stations, Hotels, Vol.39 No.6, 2005.

Rodgers, S, Food safety research underpinning food service systems, FOOD SERVICE TECHNOLOGY, Vol.5 No.2-4, 2005.

Lee, M. · Kwak, T. K. · Kang, Y. J. · Ryu, K, Development of a Generic HACCP Model and Improvement of Production Process Through Hazard Analysis of Hotel Banquet Buffet Menus, APAC-CHRIE CONFERENCE, Vol.1 No.2, 2003.

Michaels, B.; Gangar, V.; Schultz, A.; Curiale, M, A microbial survey of food service can openers, food and beverage can tops and cleaning methodology effectiveness, FOOD SERVICE TECHNOLOGY, Vol.3 No.3-4, 2003.

Nelson, R. R.; Poorani, A. A.; Crews, J. E, Genetically Modified Foods: A Strategic Marketing Challenge for Food Service Operators JOURNAL OF FOODSERVICE BUSINESS RESEARCH, Vol.6 No.4, 2003.

• 호텔 매뉴얼

제주 하야트 리젠시 직무 매뉴얼
쉐라톤 워커힐 호텔 연회 및 식음료 매뉴얼
그랜드 하얏트 호텔 연회 및 식음료 매뉴얼
롯데호텔서울 식음료 매뉴얼

저자약력

권봉헌

- 제주대학교 관광경영학과 졸업
- 세종대학교 호텔·관광대학 석사, 박사학위 취득
- 현재 백석대학교 관광학부 교수
- 세종대학교 호텔·관광대학 겸임교수 역임
- 경희대학교 관광대학 강사 역임
- 상지대학교 관광학부 강사 역임
- 매종글래드 호텔(구 제주그랜드호텔, 마케팅부서)
- 제주 컨트리 관광호텔(현관 객실부서)
- 하이웨이 여행사(Out Bound)
- 한국호텔&리조트 학회 회장
- 한국호텔관광학회 부회장
- 한국호텔관광외식경영학회 사무국장 역임
- 한국외식경영학회 부회장 역임
- 한국관광연구학회 부회장 역임
- 호텔등급평가위원 역임(한국관광공사/대외비)
- 보세판매장 특허심사위원 역임(관세청)
- 천안시청 문화관광해설사 심사위원(천안시청)
- 충청북도 문화관광해설사 심사위원(충청북도)
- 평택시청 관광개발 평가위원(평택시청)
- 보령시청 보령머드축제 평가위원(보령시청)
- 호텔관리사(한국관광공사)
- 국외여행인솔자(문화체육관광부)
- 문화체육관광부장관 표창장(문화체육관광부)

저자와의
합의하에
인지첩부
생략

호텔연회서비스 실무론

2021년 3월 5일 초판 1쇄 인쇄
2021년 3월 10일 초판 1쇄 발행

지은이 권봉헌
펴낸이 진욱상
펴낸곳 (주)백산출판사
교 정 박시내
본문디자인 오행복
표지디자인 오정은

등 록 2017년 5월 29일 제406-2017-000058호
주 소 경기도 파주시 회동길 370(백산빌딩 3층)
전 화 02-914-1621(代)
팩 스 031-955-9911
이메일 edit@ibaeksan.kr
홈페이지 www.ibaeksan.kr

ISBN 979-11-6567-256-0 93980
값 28,000원